domus 系列丛书

筑
建

Construct

赵善创 著

中国建筑工业出版社
CHINA ARCHITECTURE & BUILDING PRESS

编者语

《筑建》是一部精炼且有序、系统而具体、轻量却宏观的典籍。毫不夸张地预言,它的出版将为"domus系列丛书"增添上一份浓重的骄傲。

在阅读之前,首先看"筑建"(Construct)的内涵。简言之,筑建是一个用于认知事象的框架,或者说是一种方法。之所以需要了解、学习这种方法,是因为我们对事象的掌握和认知,无可避免地会受到外界及自身的干扰与局限,而《筑建》所述,是在更高层级上进行的理性认知。

本书分为"筑建"和"建筑的筑建"两大部分。前者提供了一个超越所有解读的、瞰视全局的"公理";后者则以建筑领域为例,详尽细致地阐明了这一"公理"在特定认知领域中的实际应用。藉由它的帮助,读者可以充分阐述和选择,从而说服任何非理性的判断。

阅读本书的一个技巧是,先读右页的主体内容,同时借助左页的图文和案例作补充性的理解。书中的一些特殊词汇如"筑建"、"对解"、"自在之事象"等,需要读者提前知晓其含义;另外一些看似寻常的词汇如"解读"、"评价"、"表演者"等,在本书的语境中亦有新的所指。

这是一本以认真至极的态度与严密逻辑写就的书,在理解了作者所营造的大致框架之后,像任何经典一样,读者可从任意一点切入其内容,而在每次阅读中得到新的体悟。内页及折页中的各种表格,更可作为通用性的模板,来指导"筑建"中的具体操作。

《筑建》的受众不仅限于建筑从业者,因其提供的是一个普适性的应用体系。任何读者皆可以此书为范本和参照,反思自身看待事物的具体行为,塑造理性科学的认知方法,从而对职业的发展、对提高解读和判断日常现象的能力皆有所助益。

《筑建》期待为读者种下一棵严谨而稳固的认知之树,开解我们在描述、看待、评价事物时,因为认知上的缺漏而有所顾虑的疑惑。然而,认知之树的繁盛也正依赖于良性的质疑和惶惑,《筑建》更期待与读者一起超越任何生长阶段表象的完美,以抽丝剥茧的态度挺起枝干,伸展向更远的方向。

于冰 《domus国际中文版》出版人/主编

知识之上

从数据（data）到资讯（information）再到知识（knowledge），是关系的深化过程，让我们知性上从"认"到"知"再到"识"。"筑建"（Construct），是知识之上的掌握，是认、知、识以上的"悟"。

苍海

观天，看星，望月。

牵牛星，北斗星，太阳系，银河系……宇宙的第一瞬。

看得到的，永远看不到的。

以为已经是尽头的，原来只是一个更大整体的某一体现。

掌握更大的整体，站得更高，看得更阔、更大、更远，发现更大的可能性，

找到更大的彻悟，获得更大的喜悦。

推动着的，是古往今来，不断寻找新可能性的原动力和使命。

万象

百科全书、大图书馆。关键字、搜寻器、万维网。

由机械的线性认知到有机的网性连接，掌握万物的方法有了本质的改变。

"科学"、"艺术"、"哲学"、"宗教"……

不变的是要分门、别类，以演绎万物、万象，再衍生万千万象。

迷信与"宗教"、暴力与"艺术"，草本与"医学"、幻想与"科学"……

千百年来，领域的界定，有进步，有执着，有执迷。

数据库、领域移换、非线性、不确定性、三维网络。21世纪。

在多样多变的鉴别和演绎中，排除迷惘和局限，需要有一个更高的掌握方法。

这需要方法、态度和思维等不同层面上的"筑建"。

建筑

自由放任：是涂鸦或创新？规限方向：是正统或落伍？

……建筑的可能与学习的迷惘。

面对迷惑的受众喜好、专家品评、竞赛结果、历史位置？

……建筑的体验与评价的疑惑。

引经据典、哲诗并举、新创名目、自成一体：是设计的创新，还是评论的过度？

……建筑的研究与解读的头绪。

建筑，需要一个它自身的"筑建"。

目 录

筑建

现象、解读、筑建

身处某时空中，一个人只能看到眼前的空间景象。这时空以外的世界，对他来说虽然有些不确定和不真实，但无论是源于自我经验、记忆记录乃至实时电话或视频的认识，它在客观和逻辑上都应该是存在着的。这身外的世界更应包含远空的无边宇宙、远古的历史……于时空的洪流中，他只体验/经历着宏观世界的局部。其实，哪怕是眼前的景象和人物，他也可能看不着其中上锁的房间、某人的背面或完整的举动……

这近乎常识：事物是自我存在的"自在之事象"（Occurrence-in-Itself）；
一个人可能是某事象的一部分，他体验到的也只是某些事象的一部分；
相对于事象的自在性，他的体验是抽离的，取决于他在一些条件下的"观察"，而体验到的结果是一个不完整、不全然的事象，是为"现象"。
综合经验，可概括现象中存在事、物，其中或包含人，或包含动物；综合各种研究，他们都有感知和反应行为。
（出于区分外在于事象的观察者身份，现象中的人物，这里以"表演者"命名，哪怕他与观察者是同一人）

哪怕是最纯粹的生存需要，如在森林里的原始人类，也需要理解周边状况，包括作出防卫需要等判断。过程中，他需要了解客观事实、比较过往经历、分辨友敌等，他是通过观察对环境进行了描述（事实）、解释（比较）和评价（判断）。常识上，除生存需要以外，出于追求进步乃至单纯为了满足乐趣，人都希望理解世界的不同方面，形成一般所说的分析、意见、看法、评论、辩解、演绎、研究等。将它们的积累综合起来，可概括出描述、解释、评价的操作与结果，是为"解读"。当进行解读时，观察者就成为一个"解读者"，其解读行为也取决于他自身的一些条件。

上述自在之事象、现象、解读的框架，是用于理解如何理解世界的一个公理。
以这个公理为基础，探究包含各层次和范畴的理解乃至理解上的问题，建成明晰理解本身的"筑建"系统。
针对不同的自在之事象，筑建亦是多样和多层次的。
本书从筑建的范本"先验筑建"开始，随之展开在理解上起关键作用的领域划分的"主领筑建"，和关乎认知方法的三个"领域的筑建"。最后是以"建筑的筑建"作为详细的领域范例进行阐释。

筑建的分享

资讯膨胀与快速传播的年代，表达的形式越趋重要。筑建本身是简约实用的框架，而述说筑建的形式，是像指南（guide book）附实例的体裁，着意排除引经据典、大量注脚、长列参考书目等传统论证性出版。最重要的，还是筑建所展示的态度与方法，有如常识般的简单明了和实用。
本书在编排上，要点性的右页，以及图例/补充性的左页，其内容各自相对完整，除可互阅外，亦促成两种阅读取向。

现象

时空中或想象中,事物在自我存在、展开,是自在之事象。

抽离于某自在之事象,或有人在直接、间接、虚拟或想象地体验观察。
他是抽离自在之事象之外的"观察者"。
体验的媒介、感官和推想的误差,左右着他的接收和观察。
限于时空,他只观察到自在之事象的某瞬间、某方面、某些状况。
源于成见,他可能只观察着他想看的方面或加入他想象的状况和成规……
展现于他感官中的,仅仅是一个"现象"。

现象中有各种事、物,其中或包含人——他们是现象内的"表演者",会有感知和反应。
反应是表演者于现象内的行为,按活动性、感性、知性的不同比重分类。
表演者的范围还可扩展,乃至包含动物。

解读

对展现于他的现象,观察者或进一步选择性地描述、解释、评价。
他在解读现象,成为一个"解读者"。
解读者,同时也可以是同现象内真实或假想的表演者。
解读者还可以解读其他解读者的解读。
……如此类推,现象、表演者、解读者,分别有着各种层次、交叉和相对性。

筑建

对现象解读、再解读这些解读,更可再解读这些解读的解读;
更有多个现象的解读,以及同现象众多的解读;
亦有不同范围的大小现象的解读……
超越所有这些层次、范围、多样、交集、大小的解读,
"瞰视"全局的,是"超级解读者"。

相对于自在之事象,超级解读者瞰视:
现象的可能构成;
解读的可能范畴、层次和过程;
解读者的可能错误。
超级解读者展示的,即为"筑建"。

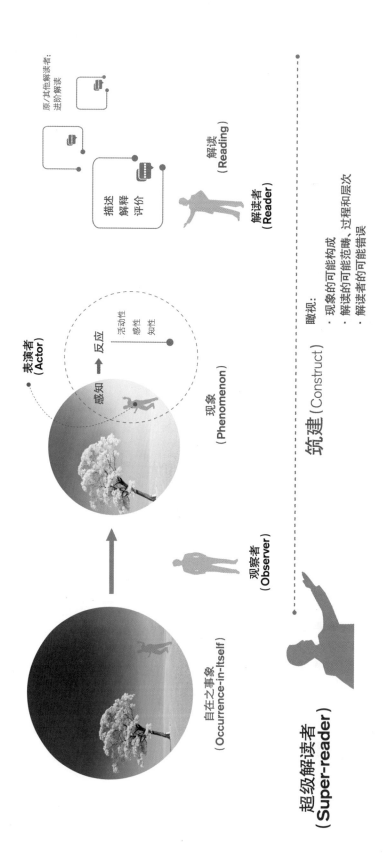

超级解读者
(Super-reader)

自在之事象
(Occurrence-in-Itself)

观察者
(Observer)

现象
(Phenomenon)

表演者
(Actor)

感知 →反应

活动性
感性
知性

描述
解释
评价

解读者
(Reader)

解读
(Reading)

原/其他解读者：
进阶解读

筑建 (Construct)

瞰视：
：现象的可能构成
：解读的可能范畴、过程和层次
：解读者的可能错误

筑建的公理

综合行为心理、评论分析、知识分类、符号学等类别的一些研究，形态学等类别的一些研究，得出筑建的框架。明晰了这个本质，再通过领域的筑建的发展，测试到此框架是一个能够容纳从泛数据到所有知识的系统，在瞰视所有解读上都是有效的。而现象—解读这个前提，更多是对筑建的一种提炼和简述，有常识性 (common sense) 的必然感、简单性，可以称作 "公理" (Axiom)。

筑建是对累积的解读进行系统性整理后而制定的，其中的参数和内容亦会随更多更新的解读而增改。

正如现象和解读，筑建亦是多样和多层次的。一个筑建的层次，取决于相关超级解读者选择的自在之事象的范围。

而最高的瞰视，是这两个层面上的筑建：

作为筑建范本的"先验筑建"和划分认知领域的"主领筑建"；

具一般实用性的瞰视，是针对各个认知领域的"领域的筑建"，如建筑的筑建。

以上所述的现象和解读，是设定一个基于常识和统合不同领域的解读的公理。

正如解读一样，这个设定并不是绝对的。

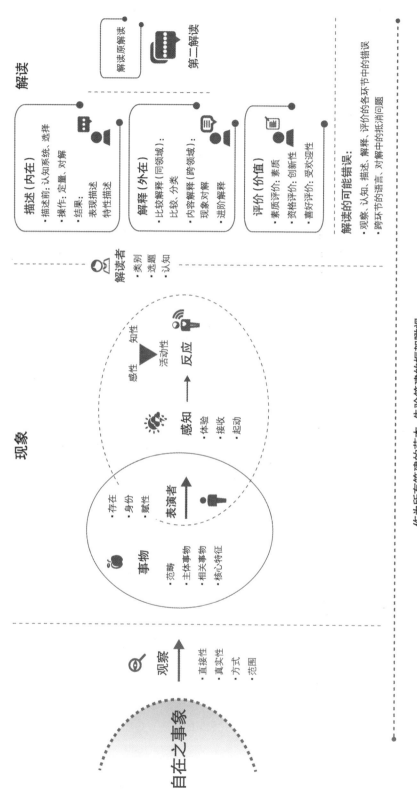

现象

解读

解读者
- 类别
- 选题
- 认知

描述(内在)
- 描述前:认知系统、选择
- 操作:定量、对解
- 结果:
  表现描述
  特性描述

解释(外在)
- 比较解释(同领域):
  比较、分类
- 内容解释(跨领域):
  现象对解
- 进阶解释

评价(价值)
- 素质评价:素质
- 资格评价:创新性
- 喜好评价:受欢迎性

解读原解读

第二解读

解读的可能错误:
- 观察、认知、描述、解释、评价的各环节中的错误
- 跨环节的语言、对解中的抵消问题

事物
- 范畴
- 主体事物
- 相关事物
- 核心特征

表演者
- 存在
- 身份
- 赋性

感知 → 反应
- 体验
- 接收
- 起动

感性
活动性
知性

观察
- 直接性
- 真实性
- 方式
- 范围

自在之事象

先验筑建(A Priori Construct)

作为所有筑建的范本,先验筑建的框架瞰视:
所有现象的基本架构,解读者的两大类别、解读的基本框架、解读的基本可能错误

瞰视

不同的自在之事象、不同的观察，会产生不同的现象。虽然不同的现象有不同的内容，但都有着共通的基本架构；不同的解读者有不同的能力，但都在两大类别之中；解读是选择性的，但都有基本的操作；解读是通过各种语言来进行或表达的，尤其是言词类的语言，从而引发准确性的问题。解读者对解读的理解、解读的操作方法亦影响着解读的准确性。

"先验筑建"瞰视所有现象的基本架构、所有解读者的两大类别、所有解读的基本框架、所有解读的基本可能错误。

先验筑建是所有筑建的范本架构。针对各不相同的自在之事象，基于此架构作取舍，设定具体参数，便可以发展为各自的筑建。

现象的架构

通过对自在之事象的观察，产生现象。现象内有事物（或含表演者）以及表演者的感知、反应。这是现象的框架，是筑建公理的一部分。通过一些共识的、可增补的参数，可进一步认知观察、事物/表演者、感知和反应，形成现象的架构。这个现象架构是先验筑建的一部分。

现象有各种层次和交叠，事物、表演者与感知反应亦然。

例如，有阅读者从画册中，观察到一个战争场景，于他展现的是一个战争的现象，当中有战士等表演者。

有观察者从远处看到这个阅读者正在图书馆翻阅一本战争题目的画册，于他展现的是一个阅读的现象，这个现象中，该战争现象只被知悉为一个书类的层次，是如图书馆等外部的事物之一，而该阅读者是主要的表演者。

观察者若走近阅读者，他可能不去观察画册的内容而只在意阅读者本身，但若他也察看画册，于他便叠加了一个战争现象——同时观察着战场、战士的行为以及阅读者对该战争的阅读反应。

现象的架构涵盖现象常有的层次和交叠，参数的设定亦然。

现象的架构以参数（parameter）而不是元素（element）表示，强调这是观察者/解读者对现象的概括认知，而不是现象的本质或全部。具体的现象认知，可理解为某些参数的定量。

注：参数好比题目，定量好比答案；参数是相对较共识性的，而定量则是较个别性的。例如，对价值或意义的讨论，需要明晰讨论是针对"什么是价值或意义"（参数共识），还是针对"偏好什么样的价值或意义"（定量选择）。

现象的架构

自在之事象与观察，都可以是真实的或虚拟想象的。

以一些方式观察自在之事象所产生的现象，包含了事物/表演者、表演者的感知、表演者的反应。它们各自的构成，加上下列参数纲领，便是所有现象的基本架构。

这里所列的现象参数纲领是由积累多数的、较有共识的解读和认知方式整理而成，是一个起步性的参数系统，并不代表所有现象的全部参数，且不是绝对的，重要的是形成一个先验性的现象架构。

各现象会因应相关的自在之事象的性质，在其部分或全部参数纲领下，拥有各自具体的参数和定量。一些现象会有相似的参数，或被有共识地归纳为一个现象领域。

现象的架构涵盖了现象的层次交叠，例如事物可包含表演者所体验的现象。

观察

照片是一种间接的观察媒介，专业或艺术性摄影与业余的摄影可以令人对原事象产生不同的观察结果，感觉亦不一样。不同的观察媒介产生不同的现象，不同的观察方式、时间等亦然；更重要的是，现象不等同于自在之事象，现象是自在之事象通过观察者的"观察"（Observation）而产生出来的。（注：摄影本身亦是另一个自在之事象，现象与领域划分的课题见后述"主领筑建"章节）

看、读、想象、仪器探测、VR……这些都是观察自在之事象的一些方式。观察方式是观察参数（parameter）之一，而VR等是这个参数的某种定量（quantification）。

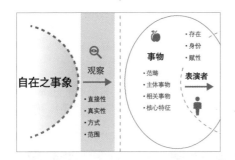

观察

观察是指广义的身体体验、视觉观察、延伸观察。

同一个自在之事象,通过不同的观察,会产生不同的现象。

观察,可以通过不同的媒介如五官乃至仪器辅助进行;

可以通过五感的视、听、嗅、味、触体验接收;

可以针对自在之事象的不同范围,包括时间上特定或一般化的状态;

可以以不同时间长度或时间段进行;

可以直接地、间接地、虚拟地或想象地进行。

直接性、真实性、观察方式和时空范围是观察的构成参数。

基于哪些参数和定量来观察,取决于自在之事象的性质、观察的时间和环境因素或观察者的选择。观察者的选择可以有意识或非意识地进行,也可以受其赋性如成见、常处的环境、个人特性等影响。解读的性质亦会决定观察的参数,例如某些科学解读会需要仪器辅助的观察。观察可以是单一的,如单从阅读产生一个历史现象;更多时候,观察是多重的,如现场观看球赛加上之后的媒体报道,于观察者综合产生这场球赛的现象。

观察者通过观察产生的现象,不等于整体或原本的自在之事象。

对一个自在之事象,做尽量客观全面的观察,或综合大多数观察者的观察,可以展现一个相对中立的、得到共识的现象。

事物

现象中有事与物，"事物"（Physicality）有一定的范畴，并有主体事物、相关事物和核心特征。界定主体事物和核心特征，关系到认知和共识的关键——领域划分（见后述的"主领筑建"、"领域的筑建"章节）。事物或含表演者（分述于后）。

范畴

事物的范畴上，尺度可以从极小的生物到极大的宇宙，存在可以是从真实到模拟乃至模糊的，对于相应的自在之事象可以从局部到整体……现象中的事物有着各种范畴。

主体/相关事物、核心特征

歌剧现象中，存在多样的事物如歌剧院、门票、演出、演员背景、宣传等，但让大众共识为歌剧的领域，演出是决定性的主体事物，其他只是相关事物，因为演出是最不可缺的事物。而在演出中，相对于演员，剧是更主要的参数，当中的故事、人物、乐曲等是它的性质（properties），并有着相互之间的关系（relations）——它们的定量决定了歌剧的核心特征。

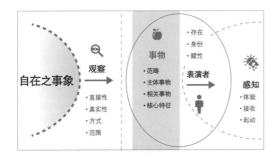

事物

现象中的事物并不等于自在之事象本身，而只是对自在之事象观察后，所认知到的一些方面和状态。如字义所表现，事物包含事和物，可以是具象的物、一个非物质的事件甚至是一个解读。事物的构成包括范畴、主体事物、相关事物和核心特征。此外，事物中可能有自在或虚拟存在之表演者（分述于后）。

范畴

无论是有意识还是非意识的观察，都有一个范畴。一个现象中的事物，都有一定的范畴，可以从极大到极小。而相对于观察者，这事物是在某些时间、空间中，以某种模式存在，如真实的或虚拟的、完整的或局部的、通过某些媒介存在的。例如，极大的星空宇宙、极小的原子；存在的树木山水、虚拟的电脑模型景象。

主体事物

观察到的事物，内容有相对的主体部分与相关部分。主体事物是现象的关键识别事物，在有领域共识的现象中，例如雕塑事物中的雕塑物、歌剧事物中的演出、宗教事物中的具体信仰、战争事物中的战役等便为各自的主体事物，这样的主体事物只是基于观察下的识别，并不一定等于解读中现象特性的对象事物。而没有领域范围的现象如大自然，则要根据该现象的特性来判断，如台风状态下，大气便是相对的主体事物。

相关事物

相关事物是关系或关联到主体事物的部分，例如雕塑事物中的制作机械和艺术家的工作室、歌剧事物中的歌剧院设计和门票收费、宗教事物中的聚会场地和附属学校等。相关事物可以通过延伸观察来认知，例如观察雕塑时通过阅读展览场刊得知艺术家的背景。

核心特征

主体部分的特征是事物的核心，由主参数、性质与关系组成。

主参数是个别现象或现象领域的关键识别元素，主参数可以是一个或多个。例如，雕塑领域的形态、一场战役的战略与战果便是相应领域或现象的主参数。

性质是各主参数的特性，如雕塑形态具有几何、大小、颜色等方面的性质。性质的各方面也可以理解为性质的参数。

关系是主参数之间或性质参数之间的各种关系，如战略具有各战斗方的空间方面的关系等。

表演者

现象中若有当事人，他/他们就是"表演者"（Actor），以此来区别于局外的观察者。

表演者是事物的一部分。

存在

表演者可以是一个舞剧现象的真实观众群，可以是梦境现象中漂浮于半空的一个人，可以是古寺建筑现象中古时的僧侣……

身份、赋性

一个观察者能够以自己的体验，说出身处一座建筑中的感觉，此时，他同时是这个建筑现象的表演者；

若他将其体验推想为其他在场者的体验，他是把自己代入为其他表演者；

若他是该建筑物的设计者，他便与其他表演者有着不一样的专业和项目认知方面的赋性（attributes）。

即便其他条件相同，表演者的存在性质、身份和赋性的差异都会产生不同的现象。

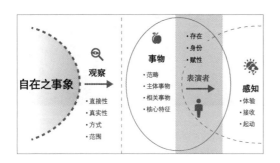

表演者

现象中的事物可能含有表演者。

表演者的构成参数包括表演者的存在、身份、赋性，这些影响着现象的面貌，包括他们展现的或被推断的感知和反应。一些现象中，表演者的范围可扩展至动物。

存在

表演者，可以是观察中真正出现在现象中的，也可以是观察者想象的。前者例如歌舞剧中的舞者和观众，后者例如观察者想象在无人沙漠中出现的行者。

真实的或想象的表演者，有着存在的时空。例如一座古城，居住着当时的人们是一个现象，居住着现在的人们便是另一个现象。

身份

解读者可以同时是真实的表演者。

很多时候，解读者会假设自己是表演者，或以自身赋性推想真实表演者的感知反应，他代入或取代表演者的身份，产生了不同的现象。

赋性

人的身心受一些互动的因素作用，包括内在的推动力或需求、行为能力和心理图式（schema，即认知架构，如世界观、阶级观念、成见），以及外在的非物性环境（如所在的某社会文化）和物性环境（如自然状况、个人成长的城市构成），是为广义的赋性。不断演变的赋性促成或左右着人的行为，包括对事物的感知与反应，反之亦然。

（"赋性"的论述，具体参见"建筑的筑建−建筑现象"/表演者章节）。

感知

表演者接触事物后，首先会有近乎反射性的身心行为，是为"感知"（Perception）。感知受表演者的赋性（如行为能力、心理图式、个人成长环境等）影响。

先天：
表演者被事物刺激产生感知，当中可能有先天性的共通特性，如教科书式的图与底的错觉。

赋性：
一些国家执法中的隐性问题，反映出如对肤色和种族的一些成见［心理图式（schema）的一种］。而成见加上环境因素、个人特性等，亦会左右大部分表演者的感知与后续的反应。

反应

运动很活动性、情爱很感性、思考很知性……人的行为都有这三种性质，只是比重不同。表演者在现象中，基于其赋性，对可能包括其他人/群的事物感知后综合产生的行为，可归纳为以大比重划分的活动性（activity-oriented）、感性（affective）、知性（cognitive）三类"反应"（Reaction）。反应如感知一样，受表演者的赋性影响，同时它们亦推动赋性的演变。

以"反应"统称现象中表演者的行为，字义上偏向行为是"在现象事物的给予下，按表演者赋性形成的量与质"的顺序所认知的。这个顺序反映了现象的解读基本是某些共识领域下的解读的认识（见后述"领域的筑建"/*主要的*筑建 章节）。但作为瞰视解读的筑建的主要构成，"反应"涵盖了表演者的所有行为。

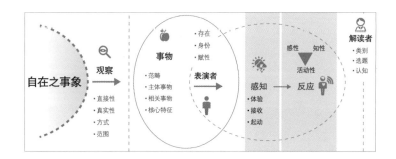

感知

感知是表演者产生具体反应行为前的过渡,它是一个生理起动心理的循环过程。感知的构成参数包括体验、初步接收和初步起动:

表演者的感官先初步接收。表演者体验外界事物,产生的感官刺激在脑中组织起来,形成较高层次的神经反应和行为反应的初阶。

表演者接着会有感知上的初步起动。表演者从初步接收,引起初步活动性、感性或知性的起动,促成各种具体的行为。

表演者的初步接收和初步起动,都与其赋性作用循环互动。

反应

广义的行为包含活动性、感性和知性三种互相影响的性质。

不同的行为在这三方面有不同的比重。例如,运动是活动性大于感性和知性的行为,愤怒是感性大于活动性和知性的行为,思考是知性大于活动性和感性的行为等。

人的行为是赋性与事物的给予综合产生的。例如,哪怕是在歌舞剧现象中凭借能力等赋性演出的舞者,对场地或观众的表现等事物也会有所感知并受其影响。当中,事物对舞者的影响程度亦取决于他的个人心理素质赋性。

现象中,表演者基于其赋性体验事物,经过感知而综合产生的行为,可按性质的偏重归纳为三类"反应":活动性反应、感性反应、知性反应。

如感知一样,反应亦与表演者的赋性循环互动。

注:此处指出的"互动"、"影响"、"给予"、"产生"等,仅为心理学中一些较有共识的"对解"(描述解读的一种,见后述),并不是绝对的。

解读者

人们普遍会对事物表达看法、意见，或作分析、论述、研究等。这些行为，都含有后述描述、解释或评价的解读操作，只是偏重和深浅不同，因此大众时常拥有解读者的身份。

抽离自在之事象的外在观察者，对现象作出解读操作时，他便成为解读者；

而现象中的表演者，对所处的现象作出解读时，他也有解读者的身份。

［为了区分相对于现象的表演者与解读者的主导身份，此处设定表演者的解读行为只限于较随意的解读（见下述）。］

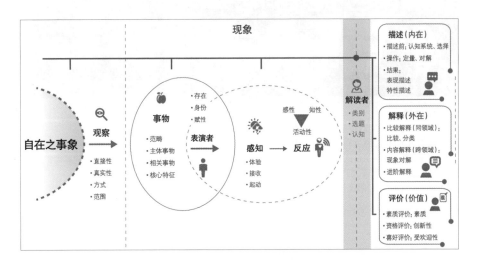

解读者

期望理解所体验的事象，是人的本性。当观察者选择性地描述、解释、评价展现于他的现象，他就是在解读现象，成为一个"解读者"。

按解读的态度和方法，解读者可以分为随意的和专门的两大类别。

解读是选择性的，包括要解读现象的哪些部分、做哪些解读操作、如何表达解读，综合起来就是解读者的选题。

观察者的观察（如拍照），也是对自在之事象的一种认知。对产生的现象（如照片中的内容）进行解读和最终的表达，亦需要各种认知方法（如放大照片一些部分、以语言或文字来表达解读等），这些认知方法可以是一般的、专门的或特定的。

解读者的类别

"解读者"（Reader）可以按态度与方法区分为专门的（expert）和随意的（casual）两极趋向。

以深究、严谨的态度，通过科学方法、近科学方法或辩证方法，以更大几率作出有效解读的，是专门的解读者；相对于各领域深究的辩证式评论，按个人感觉发表意见（如网络常见的群众意见）的，是随意的解读者。

虽然专门的解读较为严谨，但一个解读是否有效，不能基于它是随意的还是专门的解读来判断。

（注：具体的解读方法、解读有效性的判断，见本章*解读的框架*的论述）

 Laurence Srinivasan i can't help but feel a bit sorry for that very nice original port house... it looks like it's been "stepped on", and upstaged quite ostentatiously.
Like · Reply · 1 hr

 Rey Bill So good to view and read again. At first viewing, the addition was to say the least, startling. Congratulations to the visionaries and review board that established the headquarters in this unique land and seascape location.
Like · Reply · 3 hrs

 Richard Nowicki This is still just as bad as the first time I saw it.
Like · Reply · 8 · 4 hrs

解读者的类别

解读者的解读态度与方法可归纳为随意性和专门性。根据这两极之间的偏向，解读者大致可分为随意解读者和专门解读者。然而，一个解读的"有效性"与这个解读是随意还是专门解读没有必然关系。

随意解读者

观察者或非深究的解读者都会对现象作出随意的解读。本能、成见、传统都可能轻易左右他们的解读。将这些随意解读者扩展至长时间和大的集体，他们的解读会形成他们所属群组的一些共识。一些符号或"意思"等便从中形成。

专门解读者

深究、严谨的解读者会作出专门解读。基于深度和广度的知识、结构性的分析和调合、不断调整完善的假设或原设点，专门解读者作出的专门解读，相对而言具备更强的有效性、统一性、整体的客观性。专门解读经过长时间和集合的累积，形成不同知识领域的学问基础。此外，专门解读者的解读或专门解读者本身，很多时候会对随意解读者产生导向性的影响。

选题

解读者针对何种自在之事象、如何观察产生现象、要解读现象的哪部分或全部,是解读对象的选择。

他想对对象作部分或全面的解读(描述、解释、评价),以某种方式把部分或全部解读表达出来,且从了解现象到解读的表达,他亦会选用一些认知方式。这是解读操作的选择。

这是解读的完整选题,可以是非意识或有意识的行为。

事象与观察的选择:

如针对"后窗"外的事象,除肉眼观看外,他选择以长镜头相机来实时观察一段时间。

现象范围的选择:

这样的累积,于他产生一个街坊生活的现象,现象中有不同窗户中展现的不同生活片断。慢慢地,出于个人直观或环境触发的赋性,他选定其中一个窗户的片断为对象并进行解读。

解读操作、方法的选择:

他用长镜头作更详细的认知、观察,他的解读集中在描述:从这个丈夫的各种异常行为、其妻子的叫声与消失等,对解出一个谋杀的因果可能。最后他更驱使自己的女朋友参与到进行中的现象,以验证其描述的有效性……(解读的操作,详见本章*解读的框架*的论述)

选题

解读者通常会选择要解读的现象。这些现象可以是亲见的、想象的、或从已有观察中记录的。

根据一些领域解读的性质，解读可能需要针对现象中的特定参数和子参数，例如自然科学领域的解读会针对自然现象中的物质事物。不过，解读的整个流程中，从观察现象、认知现象、解读操作到解读的表达方式，解读者必然会对其中的参数、方法和操作作出选择。选择不一定按照这个顺序，也不一定包含整个流程。例如，歌唱现象中解读者可能只选择歌手形象作出解读；又如，解读者可能对一个艺术现象只选择进行解释，而不作评价。

解读者这些选择的"理由"，是对原解读者的第二解读，原则上是这个现象解读以外的行为解读。

认知

要把观察到的现象细致地了解、解读、表达出来，解读者需要一些让自己和他人认知（cognition）的方法和工具，它们有时候会与观察自在之事象的媒介相同。

一般认知

口述、文字、图表是常用的一般认知方法。

专门认知

要更准确深入地认知现象，可以通过如科学方法的实验、社会学方法的统计、哲学方法的辩证等，它们都是常用的相对更严谨的专门认知方法。

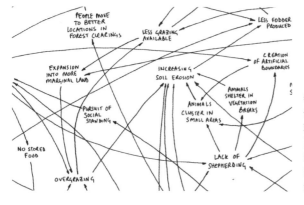

特定认知

例如cognition map可以帮助梳理现象中各片段的关系，解读者可以把它作为一个特定的认知方法。但采用任何特定的认知方法时，解读者需要把方法本身说明清楚。

认知

无论是对自在之事象的观察，或对观察到的现象的解读，随意或专门的解读者都需要通过一些认知方法，以接收、了解、记录和表达或传达出自己的解读。这些方法延伸为认知系统，包括一般的、专门的和特定的。

一般认知

思维通过语言才能进行，因此语言是最基本和一般的认知系统。针对不同性质的现象，图表图式、数学符号等亦是常用的认知方法。此外，从一些认知领域内发展出来的认知共识，如视觉艺术中的常用符号、物理中的一般探测方法如温度等，广泛使用后也成为一般认知系统。

专门认知

专门解读中，有三种主要的专门认知系统：验证性的科学方法与近科学方法、非验证性的辩证方法（见后述"领域的筑建"章节）。不同现象领域的专门解读，会使用一种或多种认知系统。非专门的随意解读，也可能用上类似的认知系统，区别是在严谨度上。而在某些领域，专门认知系统的严谨使用是其重要识别特征，如科学方法便是科学领域的关键。

特定认知

一些解读者可能设定出特别的认知体系，如新媒体的语言图式扩展、数学模型，或将已有的认知系统调改，如抽象化等。例如，新的心理实验和统计方法便是特定认知方法。于习惯和广泛使用后，一些新的认知系统亦渐渐成为一般的认知系统。同时，这亦是对现象加深掌握的发展过程。

此外，解读者对现象的认知，须与表演者对事物的"认识"区分。前者应为一种客观、抽离性的认知，而且使用的认知元素可能不会在对一般事物的体验观察中反映出来。后者则是表演者基于赋性而产生的感知和反应。前者为解读者解读的一个操作，后者为表演者反应的一个表现。

解读的框架

解读者选定对某些对象作某些解读,其解读结果可以从寥寥几句到长篇大论。但关键是,他的解读哪些是与现象本质直接相关的,哪些是他借题发挥的,哪些只是在指出现象的优劣或偏好而已?

解读按此明晰,本质上是描述、解释、评价三类操作与相应的结果。

解读过程中,解读者亦需要认知的方法,而他亦往往希望将解读表达出来。

此外,对同一个解读,一些人会认同,亦会有人反对、争论以至揣测解读者的动机等。这是受众(也可以包括原解读者)对原解读(初始解读)的解读,包括其中的认知和最终的表达。这种操作与产生的结果,是相对于原现象解读的第二解读。

解读的框架

解读是对现象作出描述、解释、评价这三个操作的过程并产生相应的结果，直至把它们表达出来。不论是随意或专门地解读现象，都需要通过或设定一些认知的方法，以侦察、了解和传达现象的内容，表达解读的结果。描述、解释、评价加上下列各自的具体操作便是初始解读的基本框架。（以下的论述中，描述、解释、评价各自同时代表着相关解读操作或解读结果）

此外，现象的初始解读可以被再解读，形成现象的顺序进阶解读，泛称第二解读。按其偏向，第二解读可能会转移成为其他领域的一个现象或解读。

不同的领域，会有偏重的解读操作，产生各领域解读架构的差异。而同一个领域的同一共识现象中，不同的解读者、不同的解读选择，会产生不同的解读，体现在这些解读操作的不同结果上。

描述

2014年巴西世界杯的一场赛事,有足球评论员讲解他通过赛会提供的资料和观看直播所观察到的球赛现象。他首先介绍了两球队的成员,包括名字、年龄、效力的职业球队等背景。评论员是以"描述"(Description)开始了一个解读:球队是球赛现象的主体事物之一,球员的身份、状态等是该事物的参数,评论员指出了这些参数的定量……

操作

定量(quantification)——侦察现象中参数的量化,例如指出一个建筑的高度;
对解(mapping)——侦察参数之间或参数量化之间的关系。
有效的描述操作,是基于客观事实,以科学方法、近科学方法或辩证方法作出的。(三种方法的论述,见"领域的筑建"章节)

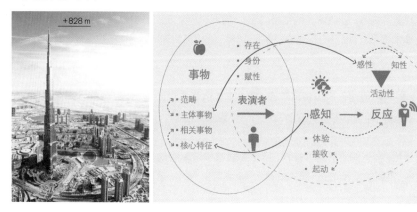

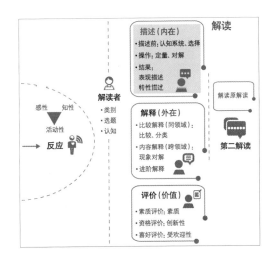

描述

描述的解读，是要了解现象本身，是"现象内在的探讨"。基于一定的认知系统，描述的操作包括侦察现象参数的定量和对解，从而指出现象的一些表现或现象的特性。

描述前

解读者要认识到现象是产生于对自在之事象的观察、明晰观察的方法、明晰解读的认知方法、明晰解读的选择，以此作为描述操作乃至整个解读的准备。

例如，要解读一套歌剧，解读者须先明晰他要解读的是基于观看的次数、正式演出等观察条件下产生的歌剧现象；明晰相关剧本的观前阅读、即场字幕翻译等附加的认知方式；明晰他要做的是一个专业评论的解读。

定量和对解

定量是侦察现象中参数的量化。对解是侦察这些参数之间、或参数量化之间的关系。成立的对解成为理解该现象时一般所指的用途、影响、作用过程、原因等。将这些对解抽象化或综合化，或可能发展为理论、模式等。

例如，引进放映一部国外新电影，这个现象中，影片是主体事物，其名称、明星、题材内容、片长、放映规格等是其参数，指出具体的片名、明星名单与介绍、内容简介、多少分钟放映时间、2D或3D放映规格等是对这些参数分别的量化；对其他相关事物如观众与社会、票房、宣传、同期上映的电影、主演明星最近的新闻等亦可同样地量化，例如按当地标准该影片票房不佳（可以具体到观映人次或收入细化）。作为解读者，比如某专业影家指出，主要因为影片主题不能引起当地观众兴趣，加上同期有更引人注目的影片上映，故票房不佳。他这是将几个参数的定量进行对解，并理解为主要原因。影评家综合多个引进放映的现象，进而指出当地票房主要取决于主题类型——这样，通过参数间而不是定量间的对解，便抽象出一个论据。

现象表现的描述

这场球赛最终巴西获胜。评论员把这个结果归因为巴西球员的较高技能、没有气候适应问题、球员主场的高士气等因素。比赛是球赛的主体事物，赛果是其参数之一；赛场是相关事物，气候是其参数之一；球员们是主要的表演者，他们的踢球表现是其活动性反应参数、士气是他们的感性反应参数。评论员是在对解不同参数的定量并视为因果分析，如主场与否对解士气的高低；赛果的输赢对解气候的适应、士气的高低……基于上述现象内在参数作的定量与对解，评论员按客观的生理和心理推测（科学/近科学方法），描述了球赛现象的一些"表现"（performance）。此外，积累了更多场的赛事统计后，评论员进一步把赛果与气候适应挂钩，他抽象地把参数而不是定量对解，这可以看作一个理论的雏形。

现象特性的描述

特性可以取决于参数的突出表现：珍·威尔特（Jen Welter）曾于2015年出现在美国体育媒体的头条，她是美式足球历史上第一位女性教练（实为短期助教）。相比明星球员和球队，教练并不是引人注目的事物，但在其性别这个普通的参数上，女性则是异常的定量，以至媒体当时将此描述为该球队的突出表现，即它的"特性"（character）。

特性也可以取决于突出的参数：崇拜的场所、仪式、经文、典故、符号等参数，都不足以描述一个宗教现象的特性。泛宗教的领域共识里，在信仰这一主体事物中，神才是最突出的参数。

表现描述

现象的某些表现，是指解读者针对某些选定的现象参数，侦察其定量，或加上相应的参数之间的对解而作出的描述。

例如，针对一个地域的服装历史发展现象，一个解读者可以只选择服装的主色调这个参数，侦察其各阶段的颜色，作出的描述是该现象的一个表现。这里，主色调不一定是该地域服装最突出的元素，而只是该解读者可能基于个人兴趣的选择。

特性描述

现象的特性，是整个解读的现象中突出的表现，这个表现可以是基于参数的定量，不一定是参数本身。

例如，某一个宗教现象中，有不同的共识参数和定量，如神的描述、崇拜地方的描述、仪式的描述等。然而，无论是从常有解读中对宗教的认识还是从教徒们客观的排序统计，神的描述是最关键的表现。神这个参数的表现就是这个宗教现象的最大特性，同时神这个参数也是泛宗教现象中事物的最主要参数。

又如，某一个建筑现象中，建筑物有物理的用料、形态的几何、大小、颜色等参数的描述。然而，从专门解读者或其他观察者的描述统计，建筑物相对周边的高度是最突出的表现，建筑物高度这个参数的表现就是这个建筑现象的最大特性。但不能就此定论形态的高度本身也是泛建筑现象中事物的最主要参数。

描述的可靠性

描述是一个"定量侦察"的解读操作。

描述的可靠性取决于基于各观事实的外在有效性或内在有效性。针对定量、对解、特性判断的正确性，"外在有效性"是可以通过科学方法或近科学方法作出验证的；而"内在有效性"是可以通过辩证方法作出逻辑论证的。（科学方法、近科学方法、辩证方法，见后述"领域的筑建"章节）

按解读的性质，描述的可靠性可以不同方法来判断。例如，可靠的心理学描述，是基于近科学方法的外在有效性存在的；可靠的物理学描述，基于科学方法的外在有效性；可靠的文学描述，则基于辩证方法的内在有效性。

解释

2010年，有教育家并非孤立地指出中国的"90后"现象的行为特性，而是扩展地把他们与美国、南非等地的"90后"现象比较，察看他们特性的差异。教育家是在作出描述之后，进而对现象进行"解释"（Interpretation）。他把"90后"同类/同领域现象做比较，是一个"比较解释"（comparative interpretation）。比较后，教育家可能把"90后"的地域特性差异进行分类，如欧美式的、亚洲式的。

教育家把中国"90后"的特性，如更自我、重视兴趣、生活品质等结合独生子女、中国近年的经济飞跃、互联网与社交网络等社会背景的特点，并以"张扬的一代"来表述。教育家是在继续他对现象的解释，他做的是"内容解释"（text interpretation）——把一个范畴（中国"90后"）对解一个社会文化的意识形态的表述，成为该现象的一个内容（text）。内容只是成立的跨领域对解，并不是绝对和唯一的。

教育家又把所描述的中国"90后"特性的社会背景原因，与美国和南非等地"90后"的类似原因比较，侦察社会背景对"90后"行为的影响程度，并将之与"80后"的情况进行比较。教育家是在对现象作一种"进阶解释"（higher interpretation）——把原现象的比较解释再做比较。

有效的解释操作是基于能辩证成立的"类比相似性"（如在色调、感性反应等内容上）或"结构相似性"（如在层级等关系或构成上）进行的。

比较解释

比较解释是基于现象的一些表现或特性，探索同领域现象间不同层面的异同，或作出分类、归类。如评论家在同比例并列并加入人体高度参照为认知的方式下，类比一些名画或装置现象的尺度和观画者（表演者）对画中景物与实际尺度对照的感性反应后，总结出一个初阶理论：画的尺寸大小与真实感没有太大关系，倒是大尺度会为平庸赋予震撼感。

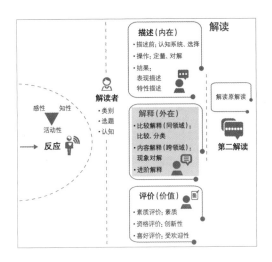

解释

解释的解读，是基于描述的结果，把一个现象对解到其他现象，来扩展对这个现象的了解，是"现象外在的探讨"。解释的操作包括比较解释、内容解释、进阶解释，从而产生现象相应的比较、内容。

比较解释

比较解释是把要解读的现象对解到同领域中其他一个或多个现象，比较它们的异同、或把它们分类或归类。具体的操作，是对解从描述解读而来的现象表现或特性。例如两首乐曲的异同比较；又如比较大量乐曲后，对乐曲进行风格分类。

关联与类别化是理解现象的重要方法，如人的性别、动物与植物的类别化已是不可缺少的基本认识。比较解释是扩充现象的领域内的联系、联想，乃至系统性的、类别化的认识。

内容解释

如命名：内容解释是为现象附加外在的、本领域外的内容，这些内容一般会被视作现象的意思、意义、影响、理由、命名、背景等。如影评家们从20世纪五六十年代的电影现象里，比较解释后，归类一群以现实的题材、不完整的情节、实景拍摄、非连贯的剪接等类似特性创作的法国导演，并进而将他们命名为新浪潮派（一种字义上的类比相似性）。影评家们是把一个比较解释对解一个词汇，是对电影领域与语言领域作进阶的内容解释（由于文字的多义性，命名很多时候会衍生别的理解，这更好地说明了内容解释是附加性的）。

如产生意义：内容解释很多时候会被视作现象的意义。如诺伯格·舒尔兹（C. Norberg-Schulz）把地域的泛建筑现象（地理、城市、建筑）的特性（主要在空间几何和认知图式、定向、感性、符号等反应方面）对解当地人群的泛文化赋性（自然风貌、信仰、历史等方面的传统累积），再把对解结果命名为地域的 genius loci。作为一个进阶内容解释的命名词汇，genius loci 原指古罗马宗教的守护神，于现代转化为场所精神（spirit of place）的意思，也被视为一种心理需要，该命名就是一种类比的借用。诺伯格·舒尔兹是把一个普性现象（泛建筑）作初级和进阶内容解释，最终结果（场所精神=genius loci）被他和很多人视为该现象的意义。他解读一个城市时，会侦察其 genius loci，或会对个别建筑的特性与之比较，以判断其符合当地 genius loci 与否。如对建于公元前100年的古罗马城市提姆加德（Timgad），他侦察并肯定其 genius loci 之一是正交轴与中心点的宇宙规律观（一种结构相似性）；他指出一些现代城市重复、没趣味、开放、松散的性格，都与一些共性的场所精神相反，于是将它们定论为场所缺失（loss of place）。

如延伸抽象联想：内容解释是跨领域/支领域的对解。弗兰克·盖里（F. Gehry）的一些具象的建筑形态（右图），是直接的符号反应；而他的另一些不这么具象的建筑（中图），一般群众（表演者）不会对其有直接的实物联想，专门解读者（可以是弗兰克盖里本人）可以把其形态元素与鱼体类比对解，所解释的鱼体感动态便成为这些建筑的一个内容。

进阶解释

比较解释是通过领域/支领域内的对解找出异同。其中，"类似"可以有不同的程度，从相同、相似、抄袭、模仿、联系、参考、抽象提取到变化等。如经过比较后，评论家会指出兰德尔·斯托特（R. Stout）的一些建筑（左图）在形态上与弗兰克盖里的很相似，如分块、几何、用料、体块关系等方面。

按上述比较结果，评论家继而指出，兰德尔·斯托特曾在弗兰克·盖里事务所工作了7年半，故此受到很大影响。这是一个进阶解释，评论者是把一个比较结果对解了一段个人经历（严格意义上是社会行为范畴），即把"相似"与"长期学习"对解（一种结构相似性）。

内容解释

内容解释是把要解读的现象对解到其他不同领域/支领域的现象，成立的对解可视为这个现象被赋予的内容，成为理解该现象时一般所指的意思、意义、影响、理由、命名、背景等。具体的操作，是对解从描述解读而来的现象表现或特性。其中，命名是将现象特性对解一个词汇附带的特性定义。例如用一幅绘画对解一个宗教，能成立的解释便是将这个宗教的一些描述演绎为绘画的一个内容，若内容是全面、具象和正面的宗教演绎，这幅画通常会被命名为该宗教的绘画。

内容解释是扩充、丰富对现象的联想和思考，产生的内容是现象的附加，但如比较解释一样，这些都只是一些对解，并不是唯一或绝对的。

进阶解释

把比较解释或内容解释进一步对解，就产生进阶的解释。

如以分类比较的结果（如两个时代的绘画）或内容解释的结果（如两种宗教绘画）再比较；又如把内容解释的结果对解到其他不同类的现象（如宗教建筑对解社会制度）。得出的结果，还可以这样继续地进阶解释。

解释的可靠性

解释是一个"定性侦察"的解读操作。

解释中的对解是基于类比或结构相似性的准则作出的。类比相似性（analogical similarity）是内容（如形状）的相似；结构相似性（structural similarity）是内容抽象后的结构或关系上的相似（如公交路线图与真实运行轨迹的关系）。解释的可靠性取决于"内在有效性"——即可以通过辩证方法，论证这些对解是成立的。

评价

描述是指出现象内在的表现或特性,解释是将现象关联同领域或不同领域的现象。描述和解释分别是对现象作定量和定性的解读,加深或扩阔对现象、世界万物的认识。除此以外,人们亦关心现象的价值(对合适性的取向)——包括自在之事象的存在价值、相对于解读者/表演者的价值,前者是素质与资格,后者是喜好。是为"评价"(Assessment),定质的解读。

CONSTRUCTION SPECIFICATION
762. Compost Filter Sock

1. SCOPE
This work consists of furnishing, placement and maintenance of a 50/50 mix organic compost and wood chip, placed in a water permeable sock, as an erosion and sediment control practice including all material, equipment, and labor necessary for the installation, maintenance, partial removal (when required) and residual wood chip and compost spreading of the Compost Filter Sock device.

2. QUALITY
Compost for the Compost Filter Socks shall conform to the requirements of Material Specification 806 for Coarse Compost and this specification.
Wood chips shall be 1 inch maximum in any dimension, and free of bark or inner bark pieces.
Compost Filter Sock mesh shall be a high density polyethylene (HDPE), expandable, tubular, photodegradable 3 mil to 5 mil, 3/8 inch knitted mesh netting fabric sock of the diameter specified.

素质评价

评价之一是判断现象的"素质"(quality)。如对钢琴演奏现象,素质在于其基本技巧、共识的音律标准的掌握,可以通过标准等级评定来定量检测其高低。又如将建筑的一些物性表现与验收规范等对比,可侦察其客观工程质量,是其素质的一个方面。素质的判断是基于客观的标准,需要通过科学方法或近科学方法的验证。

对初级教育现象,评价学生的素质,是侦察他/他们的生理发展均衡度、操行、学习成绩。如针对学习成绩,可以通过地域公开测试(现象的事物之一)的表现,与大范围的同年级考生作比较解释后,制定合格线或等级划分,评出学生在公开测试中的"相对素质"。虽然在地域较固定的学习课程和稳定的社会背景下,学生的等级也可以视为普性标准下的成绩,即同时为一个没有特定比较对象的"自我素质"。

对高级教育现象,评核博士生的最终素质,是侦察其论文研究在选题和成果的开创度、资料的准确性与论据的有效性等广义的共通标准。其中的开创度,是与领域所知的已有论文比较(类似初阶的资格侦察,见下述),以评核其相对素质;而另两个标准则是按论文本身的审查,是评核其自我素质。评核的差异是出于这些标准的执行人(考官)的水平与要求。

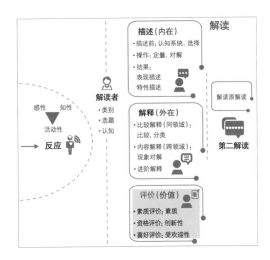

评价

评价的解读，是基于描述、解释的结果，指出现象的客观水平、主观接受度，是对"现象的价值的探讨"。评价的操作包括素质侦察、资格侦察、喜好侦察，从而判断现象的素质、创新性和受欢迎性。

素质侦察

素质侦察是侦察现象的一些表现或整体特性的素质。不同领域和现象会有不同的素质参数，如音乐节奏的准确性、建筑的完成度等。侦察的判断是基于一些客观标准如乐理和工程规范等，或通过对表演者反应的统计分析而作出。侦察（认知）的方式是考核、考试、比较等。例如，钢琴弹奏的评级是对某钢琴弹奏现象的素质侦察，从而间接评定演奏者的等级；又如，工程师的专业资格评核，便是对某工程师一系列的专业行为包括考试等现象的素质侦察，从而间接评定工程师的专业资格。

此外，将现象的这些客观的自我素质，与一定范围的同领域现象的素质或平均素质比较，可以评定这个现象的相对水平。例如，针对学生教育的现象，素质评定多数是以考试作为侦察方式，进而间接做出学生名次的排序。

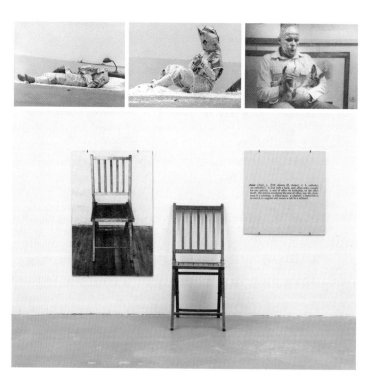

资格评价

评价之二是判断现象的"创新性"（creativity），审视现象的"资格"（qualification）。创新性在于现象的新度、强度、深度、广度和一致性。20世纪的概念艺术现象，相比它之前出现的所有绘画与雕塑现象，于物性的特性上，它排除了画框性的展现，以普通日用品作为艺术品置于美术馆，或以真人／艺术家本人现场非演剧性的身体演出等，这些都是艺术领域的"新"参数，而这些参数层面跳跃很大，现象特性很"强"。其中以日用品的 context 的颠覆，于观者产生认知上的反差，动摇艺术是内容还是 context 的疑惑，引发这般"深"的反应。而关联内容、场地、艺术家、观者等事物／参数，是很"广"的触动，同时它门互相强化、明晰（articulate）概念艺术的触发反思这一主题的"一致性"（consistency）。综合艺术评论家的侦察，于新、强、深、广、一致性的幅度上，概念艺术现象可评价为有创新的资格，且其程度是领域中的一个突破。这是一个近科学方法侦察，而于如产品的资格则或需要以科学方法侦察。

资格侦察

资格侦察是基于现象出现的时间点，通过与所有已知的同领域现象的比较解释，侦察现象的整体特性是否创新，即：特性是否有新的参数或参数的新定量的出现；这些新参数的层次或新定量与以往相比是否有很大的差异，从而带出更大的强度；在这些差异度中，是否唤起更深度的感知与反应；这些新参数或新定量是否有更广的涵盖面。此外，所有或大部分现象参数的表现是否一致性地产生、推动、明晰现象特性的创新。最后再基于现象整体特性比较新度、强度、深度、广度和一致性的程度，评价垷象的创新性，如各程度的创新、突破、伟大。

例如，20世纪60年代的概念艺术现象，其重要的特性是画框和实物雕塑以外的新参数，这与以前的视觉艺术比较，是高位的参数层次，并能唤起颇具挑战性的表演者反应，而新参数更具有广泛的可能定量。此外，现象中的相关事物如艺术家形象、创作行为本身、展出的场地安排等的表现都与现象特性很一致。综合艺术评论家的侦察，得出该个艺术现象是领域中的一个突破。

喜好评价

评价之三是通过侦察特定受众的取向或价值观等喜好，判断现象的"受欢迎性"（acceptance）。这个侦察可以是解读者自我的喜好表达、可以是观察现象相对于表演者的受欢迎性、也可以是按表演者的价值观等指出现象事物相对于他们的受欢迎性。对他人喜好的有效评价是基于民调统计的近科学方法或辩证方法的侦察作出的。

纳粹领袖虽以政治、煽动、暴力等手段控制议会成为一国之独裁者，但随之的经济刺激和恢复民族元气方面的治理，使他成为被"喜欢"的领袖，但只是对于当时的、这个国家的、较大比率的国民而已。现象（尤其当中的人物）的受欢迎性只是针对某一时空的受众范围而已。

当一个品牌手机的出货量是世界一二、被公认为时代的icon时，就足以使它成为一个时代的"好"产品。现象的受欢迎性中，"好"是大范围的喜欢，但也只是相对一个时代而已。（有时候，有素质的现象也会被受众感觉为好，字义上稍有不同）

当喜欢到一个极致，达到一体感时，便是"爱"／爱戴的感觉。喜欢与爱都是纯主观的，只是程度不同；而表达为"好"的，是较大量的主观喜欢。与素质、创新性不同，受欢迎性是附带价值观的。

喜好侦察

喜好侦察是将现象的一些表现或整体特性、一些解释内容，对照选定对象的取向或价值观，侦察它们是否吻合，从而评价或验证现象对于对象人或人群来说的受欢迎性或不受欢迎性。受欢迎性可分为个别的喜欢、爱戴，和某个大群组的喜爱下的"好"，以及它们的反面。

例如，一些公认良性的社会事件的现象中，若发起人的个人特征引起社会某类群众很大的反感，很多时候这些群众会进而对整个事件表现反感。喜好是对象人／群的主观判断。

喜好侦察除了可按对象人／群的价值观判断他们对某现象喜欢与否，也可以直接观察对象人／群的已有反应。很多时候，解读者本身就是对象人。

评价的可靠性

评价是一个"定质侦察"的解读操作。

素质与资格评价的可靠性，取决于外在的有效性，即可以通过科学方法或近科学方法，验证与参照标准或比较对象的差异度。

喜好评价的可靠性，可以取决于外在有效性，以近科学方法如民调统计来直接验证受欢迎性；或可以取决于内在有效性，即可以通过辩证方法，推论受欢迎性。同时，亦要取决于是否足够清晰地指出并了解选定的参考对象。

第二解读

字典、理论集等，把较大量的解读（包括原始的和进阶的解读）作重点描述、分类解释，这是一些"第二解读"（Second Reading）的结果。

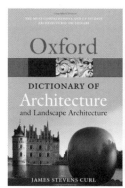

学问都是在解读世界。老师讲解牛顿定律，是在解读一个物理领域的解读；她讲解一幅画的个人观赏，是在作初始解读。听课的学生，是对老师的解读观察（听、看、读）、找出重点（描述特性）、或进而判断老师的对错（解释、评价），学生是在解读老师的解读。初级学生可能在找重点，高级的可能进阶地评核老师的见解。解读别人的解读，是相对的"第二解读"，是普遍的学习的开始。

第二解读

一个解读本身,包括其观察、认知、选择、操作、结果和表达,以至这个解读的解读者也可以被别的解读者解读。这是一个相对于原解读的第二解读,原解读遂变成了第二解读者要解读的现象。显然,第二解读也可以再被别的解读者解读,如此类推,故此"第二"所指是一个相对,以此泛指对已有解读的再解读。

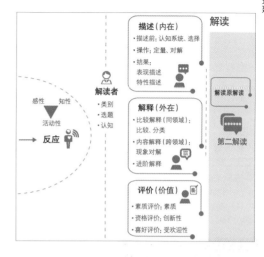

第二解读产生

初级学习:

最基本的第二解读,是通过阅读聆听等观察方式了解原解读的表达,这便是通常的学习知识的主要部分。基本的第二解读者便是相当于初级的学生,例如聆听老师讲解(解读)一首古诗(一个文学现象中的事物)。

进阶学习、评价:

除了初级的观察了解外,第二解读可以进而描述原解读的重点,再选择其他解读操作,从而产生不同的解读类别,如:

比较解读——有系统地将不同的解读比较、分类,或以之再做内容解释;

解读原由——按原解读的表现,对解原解读中的选择与原解读者的思想背景,将其理解为他这些选择的目的;

检视成立性——侦察原解读的素质,检视其步骤的有效性和准确性;

检视创新性——侦察原解读的资格,与其他成立的同领域解读比较,验证新意;

检视接受性——侦察对原解读的喜好,即受众的欢迎度(从不认可、接受到看作权威),并与受众的价值取向对照,了解受欢迎与否的原因。

第二解读的所属

大学生的学习,常有大量的进阶性第二解读,且可能会做出报告等表达,而老师对学生这些报告的评价,是再进阶的解读。可以有更多的进阶,但这里统称为第二解读,以区别于对现象的初始解读。

第二解读本身是原现象解读以外的行为,而其解读结果有时候已是原领域之外的内容。例如,解读一个艺术评论家的背景与其对某艺术现象的解读结果的关系,这是一个第二解读,可以归为艺术领域的部分,也可归为社会科学一些支领域的部分。

(注:创建"领域的筑建"的超级解读者,其瞭视远超第二解读者的解读)

表达

人有沟通、分享、听取意见等需要，解读者大多希望将他的解读表达出来。"表达解读"（Presentation）时所选择的方式、内容和形式，亦左右着他人对解读的理解。

表达的方式

与解读过程一样，一个解读的表达，亦需要一些认知方式。除语言、图表等一般方式以外，亦包括前述的专门与特定的认知方式。

介绍：
- 主题 ✓
- 对象
- 认知方式
- 关联领域 ✓

描述（内在）
描述前：认知系统、选择
操作：定量、对解
结果：表现描述
特性描述

解释（外在）
比较解释（同领域）：比较、分类
内容解释（跨领域）：对解现象 ✓
进阶解释

评价（价值）
素质评价：素质
资格评价：创新性 ✓
喜好评价：受欢迎性

表达的内容

解读一个现象，从当中的事物、认知方式、描述、解释到评价，都可以作自由选择，不一定要完全。而表达一个解读结果时，解读的前提、选择、关联等越清晰、完整，越能达到将结果对外沟通的目的，越能避免不对称的非建设性争论。

Speeding up Martins' algorithm for multiple objective shortest path problems

Sofie Demeyer . Jan Goedgebeur . Pieter Audenaert . Mario Pickavet . Piet Demeester

Received: 23 January 2012/ Revised: 1 February 2013/ Published online: 23 February 2013 © Springer-Verlag Berlin Heidelberg 2013

Abstract The latest transportation system requires the best routes in a large network with respect to multiple objectives simultaneously to be calculated in a very short time. The label setting algorithm of Martins efficiently finds this set of Pareto optimal paths, but sometimes tends to be slow, especially for large networks such as transportation networks. In this article we investigate a number of speedup measures, resulting in new algorithms.

G NEWS
SATELLITE IMAGES MAY SHOW P
ORES ON GROUND LEVEL AND A

表达的形式

纯文字很难把建筑等视觉艺术的解读表达清楚；电视画面的剪接可以改变表达内容；网络社交工具会要求更浓缩的表达。媒体是常用的表达媒介，不同媒体的特性决定一些表达方式的合适性、表达内容的完整度。

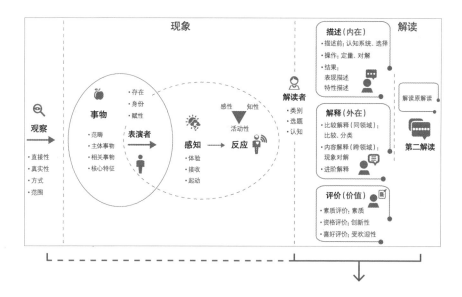

表达

认知方式

把解读的内容记录并表达出来，需要一个认知媒介，可以使用与了解现象的同样认知方式，也可以与之不同。语言、数学公式、绘图等都是常用媒介。表达同一个解读，可以选用不同的认知方式，这与接收者、环境、传达效果乃至解读者的个人偏好等有关。表达不同类别的现象的解读，都有各自较为有效的认知方式和一些牵涉的问题。（见本章*解读的可能错误*的论述）

表达的内容

清晰的表达，基本是完整的解读流程的陈述：从解读的主题、对象的介绍、现象的认知方式、解读的主体，到说明涉及到的其他领域。

虽然完整的表达会明晰一个解读，但解读者也可能会有意或无意地选择要表达的内容。

表达的形式

解读最终表达出来，需要通过一些形式，包括媒介、速度、时间、频率等。其中媒介很关键：可以是口述、传统媒体（如书、会议、报纸、杂志刊物、电视）、新媒体（如网络、社交程序）、整合性（如公关手段）等。这些形式的选择可以基于认知方式和表达内容的特性（如图形通常难以口述），也可以是其他原因（如借用媒体本身的传播力）。这些原因是另一个解读，可能牵涉本来解读以外的领域。

解读的可能错误

物理理论是由对大自然解读而产生的，其有效性成立于公认最客观严谨的科学方法。基于爱因斯坦的质量能转化为能量、光速是常数的理论，牛顿力学于近光速的异常高速的情况下就不适用。此外，于量子性的微观世界，牛顿力学亦有问题……这说明哪怕科学方法的解读，也可能不是绝对正确（＝没有例外），非科学方法的解读就更不用说了。下述要指出的，是解读的操作层面的错误，而不是这个界限的问题。

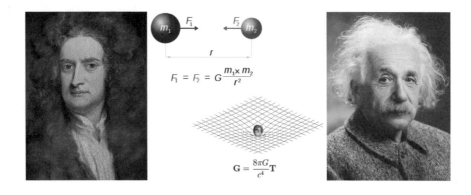

$$F_1 = F_2 = G\frac{m_1 \times m_2}{r^2}$$

$$\mathbf{G} = \frac{8\pi G}{c^4}\mathbf{T}$$

解读的可能错误

即使被视为最客观和准确的知识领域，自然科学亦不过是一些以描述为主的解读，科学理论亦随时间不断被推翻或扩充，而再新的掌握也不等于已理解"真实的"自在之事象的本质或全部。解读的操作中，有依靠科学或近科学方法来验证其外在有效性的。故此，这种有效性也只是相对的有效性而已。这是解读的准确度的界限。

界限层面的准确度之外，解读的准确性是评估：在解读的过程中，从观察事象（包括设定表演者）产生现象、对现象认知了解、描述解释评价的一系列解读操作，到表达解读的各环节，解读者出现操作错误的可能。这些错误会引起解读有效性的问题，并可能使本来有公众共识的现象因错误解读而引起误解。

此外，跨越各解读环节的，是认知需要的语言与对解中的抵消作用。
认知方式中最常用的是语言，它的不准确性很容易导致解读的不准与不足。解读的准确性特别关系到语言的使用与补充方式。
很多结果都由不同因素互相作用产生，这些作用可以互相强化也可以互相抵消。对这些抵消作用的把握，关乎解读的准确性。

然而，哪怕解读者的操作没有错误，但由于当时对现象观察与认知方法的局限，解读在日后的发展中亦可能被发现存在不足或错误，这在科学领域的解读中尤为常见。这是缘于条件局限而不是此处所关注的解读操作的失误。

解读操作上的失误，会引起不准确的解读，产生误解。这可以是解读者有意识或非意识地作出的，可能缘于外在影响、个人能力、内在目的甚至其心理构造的原因。这里关注的只是解读操作失误本身。

观察的以偏盖全

Breaking news的常态——事件是突发的，在公众能掌握的讯息极少的情况下，几个局部的画面，可能被有意或无意地夸大（或弱化），以至本来是一个片面观察产生的现象，却好像报道解说了一个全面观察产生的现象。可怕的是后续的公众再解读，可能导致不必要的恐慌或原本可以避免的错误。

表演者身份设定的错配

专业的音乐评论家，评价某一古典音乐演奏会时，将以儿童为主体的观众，看作如自己一样的专家，得出结论：由于韵律节奏不准、原曲演绎不到位、某段被删减等原因，现场大部分观众都不欣赏。评论家评价解读的是另一个非该现场的演奏现象。

观察的以偏概全

对一个自在之事象作不同的体验观察，或遇观察或记录产生的谬误，都会产生不同的现象。不厘清这个关系，解读便容易产生错误：

把特别性质的观察作为一般多数的观察，然后以后者作为解读的前提。例如将修改过的照片所看到的等同于正常看到的、将个人的感官缺陷下的体验等同于正常大多数人的体验、将短时间的观察等同于长时间的观察等等，这些都是现象的错配，容易引发解读的以偏概全等问题。尤其在科学领域，以偏概全的观察产生的解读是不能成立的。

表演者设定的错配

表演者的身份和存在状况影响着现象的面貌，包括他们展现的或被推断的感知和反应。不明晰表演者身份的重要性，解读便容易产生错误：

将身份错配或错误数量的表演者等同于实际的表演者而进行观察，再把产生的现象作为解读的前提。例如，把小孩的行为想象为成人的、把文盲想象为知识分子、把几个人想象为大众等，在这样的现象错搭下，描述性的解读便失去了外在的有效性，而评价性的解读便与参考对象不符。

碍于实际观察的困难，一些现象的表演者很多时候只是解读者的假设、虚拟或自我的代入。解读者对表演者的感知和反应只是想象性的观察，其准确性也只能依靠有限的客观度。

现象的认知混淆现象中的感知

社会学者可能以人际关系类比几何关系来进行社会行为的解读,他是采用了一个特别的认知方式进行解读。如果他直接把这个认知方式代入为现象中人群的思维,他的解读便混淆了解读者的认知与表演者的反应,导致不准确的结果。

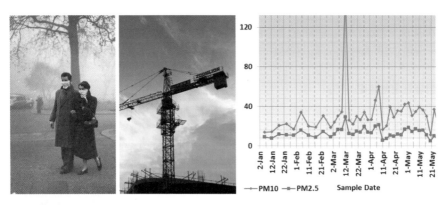

不准确的描述

城市治理雾霾,时有以全年蓝天数来判断成果。但影响空气质量(直观的蓝天为优)的,除了污染物以外,还有风速等天气原因。当地球气候受厄尔尼诺现象等影响变得更不规律的时候,年间的平均强风天数等便有较大落差。故此连年蓝天数的增加,不一定都是因为污染发生的减少,反之亦然。不用蓝天数,改为大气污染物的监测数据作为判断标准,情况也是一样的。准确的描述,应加上风速等天气参数,比如只采用较静态风环境标准下的蓝天数或大气污染物指标,治理效果才能被更准确地认知。

现象的认知混淆现象中的感知

认知现象的方式的适用性和准确性，是解读的准确性的关键因素。

解读者对现象的认知，并不等同于表演者对相关事物的感知或反应。不明晰这个分别，解读亦容易产生错误：

把解读者设定的特别认知方式作为表演者的认知行为，继而进行解读。例如，解读者以特别的数学结构去认知社会架构，却同时把它看为一般人对社会的认识方式。这是把解读与现象混淆，会使描述性的解读失去外在有效性。当然，一些特别的认知方式在推广后，可能会嵌入人们的认知里，但原则上必需清楚区分。

量化与对象不足的描述

基于客观事实，以科学方法、近科学方法或辩证方法操作，描述的内容要有外在或内在的有效性。不明晰这个标准，描述便不会准确：

在参数不够量化的情形下，对一个现象的特性作出结论。例如，描述一个地标建筑的高度特点时，仅以形容词而不是以 "米" 等度量化认知，描述的特点便很含糊；

在数据或共性不足的情形下作出参数或定量之间的对解。例如，对解颜色与正常人的感性反应时，只基于对少量对象的观察结果，描述的对解关系便不准确。

当参数的量化不能数据化时，建立在解读者赋性认知里的案例有助于观感上的量化。例如，描述一张绘画的秩序性程度时，可将解读者以前观察过的绘画作为参照。当描述一个宏观现象的共性而认知对象的数量不足时，也可以从赋性里的案例推断。当然，这些情况下，先直接与其他对象作比较解读，描述会更准确。重要的是，需按现象的性质以科学、近科学或辩证方法和态度操作，使描述获得外在或内在有效性。

无效的解释

2010年代初, 有国外的建筑评论指出, 中国的山寨建筑依然蓬勃, 更常有评论据此多加嘲讽。这些建筑当然是直接的山寨品, 但形容它们为蓬勃, 就需要比较它们在当下中国的新建筑中所占的比重, 很明显这样的山寨建筑只是极少数而已。解释必须要有效, 否则按此所作的评价便不能成立。

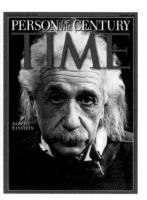

缺乏知识的资格评价

评论者看到这样一幅当下的儿童绘画, 因其拆构人体的特性而将其评价为突破——他必定是不了解现代绘画尤其是立体派的作品。这个儿童可能是天才, 但创新只能成立于结果的比较。要评价创新性, 对领域的历史现象必须有充分认识。

混淆参照对象的喜好评价

华语歌后, 登上时代周刊的亚洲版而不是国际版, 有评论为其抱屈。评论忽略了一个事实: 歌后虽然出色, 但能欣赏她歌曲内容的, 基本只存在于华语圈, 这是受众局限。而不受地方语言局限的科学家、影响世界走向的国际政治人物、以英语演唱的歌手等, 其突破、名声与受欢迎性更容易超越地域, 因为受众相对不会这么局限。所有喜好的判断, 都要明晰受众的范围。

混淆价值观与非价值观的喜好评价

策划美国恐怖事件的本土主犯, 可能出于长相或气质的原因, 在等待死刑期间却有一些美国少女写信示爱。舆论提出质疑: 怎么可以喜欢魔鬼? 这例子虽然极端, 但个人喜好不应与客观的、非价值观的素质等评价相混淆。

随想与矛盾的解释

以类比或结构相似性进行对解操作，解释的联系或对解要通过辩证方法达到内在有效性。不明晰这个标准，解释便不会准确：

随意联系不同的现象，作为演绎性的内容解释。例如，一个电影解读（影评），因电影中的一个场所是该影评人儿时的住地，从而触发其大篇幅地描述他在该地的儿时经历，并与主要的描述解读结果挂钩。这是把随意联想或解读动机与内容解释混淆，而不是有结构相似性的跨现象的对解，作为解释解读是不成立的。

把局部的特性扩展至全部的解释。例如把城市的小范围暴乱，对解一个国家不稳定的内容，这与暴乱范围以外的平和和其他城市指标的稳定并不相称。这是解释的内在不一致，亦是解释里常见的不准确、以偏概全的操作与结果。

把解释与符号混淆。虽然一些有效的解释在被传播接受或被权威化后，会形成人们的符号性反应以至嵌入赋性的心理图式里，但这是一个经过解读操作后产生的结果，不等同于表演者直接的符号认知反应。反之，一些符号类别与现象之间并没有类比或结构相似性的内在关系，把它们等同于一个解释也是不准确的。

局限的评价

不附带价值观的评价要全面客观，而对应着价值观的评价要对象明晰。不明晰这些原则，评价便容易产生偏差以至不成立：

对其他同领域的现象没有足够认识（知识缺乏），或以个人感觉去评价一个现象的素质与资格。例如，不知道有毕加索而看到当下的模仿画作便评价为创新。又如，因对歌手的形象喜爱便将其普通歌艺评价为高水平。这是缺乏纵、横向的全面比较或附带价值观与喜好去评价现象的素质和资格。这样的评价是不能成立的。对于新度、强度、深度、广度这些资格标准的程度与层次而言，最理想的是通过广泛的专门解读的统计来判断。重要的是，解读者要持有客观、正确的判断观念来评价现象。

在没有说明或混淆参考群众所属的情况下评价现象的受欢迎度。例如，一部小说很吻合某地的价值观并很畅销，便把它评价为普受欢迎，而事实上离开当地便不畅销了。这是未设定背景和参考点的受欢迎度的评价，必然不会准确。

此外，高素质与创新的现象，不一定是受欢迎或广受欢迎的，反之亦然。素质和资格是不附带价值观的，喜好是对应价值观的。两者错配只会引起错误的评价。

序言

日本人是西方世界观的奴隶

在世界观方面，无论怎么说现在的日本人已经沦为西方文化的奴隶了。

日本的审美意识考量，也有许多部分都已经被近代西方思想和世界观所替代。

日本建筑的柱梁空间概念，已经引入了现代西方的建筑理论和概念，所以对日本建筑的描述，往往也只能用西方化的思路去进行分析和解释。

表达方式混淆解读内容

本书解读日本建筑与文化，以日本人为表演者，将建筑文化的8个特性对解日本人的行为、思想取向与其他艺术，互成因由，并强调非日本人、缺乏日本文化概念便不好理解；而表达上将8个特性反复回顾、交叉——这是日本人常有的说话方式。其实，解读操作本身没有东方与西方之分，只有在如表演者的设定、采用的对解对象或现象形容词多用本地例子时，才会产生地方性解读的印象。解读的表达（说话习惯）可以很地方化，但是否清晰地表达解读才是关键。

抵消作用被忽视

某人喜欢某一事物定量如红色，他当然可以解读任何共识现象中这个颜色的表现，但在表达时，他的强调与态度却常常可能把红色说成是所有现象的特性。但显然，在一些情况下（如左图）红色可以是整个现象的特性，而在其他情况下（如右图）红色就不是特性（整体的最强表现），而是被尺度的对比大大"抵消"（trade-off）了。忽视抵消作用可能是无意、偏见，也可能是刻意误导引起的，都可以让解读产生误解的后果，尤其是在对社会、民族、政治等范畴的现象解读中，后果可能是很负面的。

行为艺术，常以身体作非正常的演示处理，这是该现象的特色参数，并扩展了其归属的艺术领域。但当对身体的处理达到危害本人或他人生命的程度时，效果上暴力/罪行便抵消了演示，艺术归类即被法理归类抵消。共识的纳粹现象，特性是极大的人类罪行，是归属于法理伦理的范畴，这远远抵消了其首领曾经的艺术背景、或任何行为艺术的归类。

缺背景的表达、反差的表达

表达解读结果时，受众的理解与反应会受到表达方式、解读背景的明晰度的影响。不明晰这些影响，解读的结果便容易被误解：

不交代特定的观察性质、表演者的设定身份、特殊的认知系统，而只表述解读结果。例如，描述大城市一个角落的暴乱时，没有指出观察的范围，便容易引起对暴乱规模的误解。又如，描述知性思维时使用大量古典词汇，却没有明确所用词汇是套用古典的特定含义或当今的使用意思。这些表达没有交代解读的背景，最后只会带来误解。

表达时使用的认知方式与认知现象的系统存在反差。例如，用数学公式认知现象的科学领域，表达描述结果时却使用诗意暧昧的语言。当然，表达方式可以是自由多样的，表达文学类的现象解读，不一定是咬文嚼字，也可以使用数学用语，重要的是能把特定的现象观察、解读结果明白地表达出来。这里，表达方式不应混淆解释解读中的对解内容，例如将一部电影对解一首抒情诗，在表达这个解读时，表达使用的言语与这首诗是无关的。

抵消作用的比较问题

在解读中，普遍有一个与多个的有效对解出现：一个特性可以由归纳多种参数和定量而形成，一个反应可以由多种事物的参数和定量产生，一个内容解释可以从多个特性和定量进行对解……其中一些对解会强化这些特性、反应、解释和评价，也可能会是反面性的、抵消性的。例如，一个人的衣着、语言突出了他的宗教标签，然而他的背景和行为却不合乎这个标签的标准，因此最终的标签强度是抵消后的结果。又如，一首乐曲的音调歌词带给小孩很大的喜悦，但乐曲的冗长很快就冷却了他的喜悦，最终的喜悦感是抵消后的结果。又如，一个城市的交通和建设很先进但文化水平低下，其综合的城市先进度也是抵消后的结果。不考虑抵消作用，解读便不准确。

但现象内或现象之间，不同的参数会有不同的定量单位或参照，而不同的参数又产生不同比重的作用结果。要对参数和作用力作出客观的比较，原则上需要设想这些单位、参照、比重之间的转化，和量化它们对应的作用效果。（抵消作用的量化原则，可参看后述建筑领域的例子，见"解读的问题"/*抵消作用* 章节）

Thanks for your pretty little ring.

Thanks for your pretty little ring!

语言的本质问题

同一句话,说出来时的重音位置不同,效果也大不相同。书写与说讲、词语的多义、翻译的谬误、文句的不同分段解构理解……语言或其使用影响着本身是非绝对的解读的表达准确性。一些提高表达准确性的语言使用方法:

使用简易的文句结构

长句不等于不清晰,但短句和分段明显更易理解,尤其于逻辑思维的表达上。

Being, time, and *Dasein*

铺陈词汇的背景

艺术的"后现代"、哲学的"Being"、虚拟产业的"RR"(Real Reality)……在使用形式式的新创、专用、转用的词汇和名词时,往往会把重点放在字面上。若是将其使用背景现象先作铺陈,便不会本末倒置,从而将重点放回对现象的一些掌握上。

明晰词语使用的背景

从绝对金额来说,一国的军费肯定比一顿餐费要高,但评价时不能以绝对金额来判断军费更浪费。浪费一词的使用,需要设定背景:军费若是在需要的合理区间内便不是浪费;但明显的过度点菜,餐费不高反映的却是浪费。尤其在比较解释时,明确指出背景才不至因词语产生误会。

指出形容词的相对参考点

抓到的"大"鱼、宏"大"的宇宙,显然作为形容词的"大"不能孤立来理解:鱼的大是相对一般湖泊垂钓能捕获的小鱼而言;宇宙的"大"是相对人身体与地球的渺小而言。新旧、美丑、冷暖……形容词是以两极形成的,关键在于使用时须明晰所设定、所参考的另一极,形容表达才能更有共识。

使用现象形容词

柔和、清新、浪漫……当要形容对一首乐曲的感性反应时,便会知道形容词的有限与精细度的不足,为了表达这些反应,可以用上如"曲调让人好像看到晨曦的感觉、好像……"等联想。这是以别的现象感觉来补充形容词汇的不足。原则上"现象形容词"(phenomenal adjective)仍属形容词,不是内容解释的解读。

语言和言语的不确不足与解决

人类通过语言，才可进行较有组织的思维。语言有文法弹性和词汇多义带来的不确定性、约定俗成和不停演变的本质。而不同语种间的翻译也容易有偏差。语言是常用的认知方式，语言的不准确和不足，影响着解读中的准确思维和表达。解读现象时需要注意语言的使用和可能的补充。此外，一些语种里，书写语言与说讲言语并不一致，言语本身的说讲方式亦可以使言语不清晰。语言与言语的差异、言语的不确性都影响着解读中认知和表达的准确性。

文法的诠释与简易结构

文法决定语言的结构，同时亦予其限制。这显见于使用不同语言的民族的表达方式之差异和各自的局限性。对于一种文法结构的不同诠释，亦令言语引起不同的理解。解读时，使用简单、易于翻译的语言结构会减少误解。

词语的含义与共识和背景定义

语言中的词语如名词、形容词和词汇，经过不同时空和群众的使用，都无可避免地夹杂着成见或隐义。因此，词语都很难有绝对和单一的定义或解释。清晰的解读，应使用受众间较有共识的词汇，同时避免简单地先行定义专用词语，而应在铺陈更广泛的背景后，以这类词语命名其中一些情况，再作使用。

词语的参考性与背景设定

使用词语时不知不觉都有一些参考点。没有说明所用词语参考的框架或层次，错配的理解以至争论便容易发生，尤其在涉及判断性的表达时。例如"浪费"一词，要指出使用了一定金额的费用是否浪费，必须要指出参考的背景才能成立。此外，词语参考层次的错乱或删除，会引起更大的混乱或迷惑，例如经典的层次删除："有即是无，无即是有"。

形容词的相对性与对比参考

形容词是必要的词类。但形容词如"长"、"小"，在没有反面形容词"短"、"大"时，它们是不成立的。判断性的形容词如"客观"也只可相对"主观"才能成立。形容词并没有绝对的定义，只有相对的定义。此外，若没有设定参考范围，如是天文的还是建筑物的大或小，形容词也是不能被理解的。解读中使用的形容词，需要有参考范围和对比的共识或说明，才不致引起误解和模糊。

形容词汇的不足与现象形容词

纯以字、词来描述千变万化的观感，可使用的词汇显然不足。这在描述近似情况的区别时更为明显。因此人们在解读时，会有意无意用其他想象作联想性的描述。如将对一首乐曲的感觉描述为类似晨曦中于柔静海边散步时的感觉等。有时为了更清楚地描述观感，更会使用多个参考现象，作为形容词的补充。这些是非常有用的"现象形容词"。但原则上，现象形容词只是语言的延伸、形容词的一种，不应与解释内容混淆，因为后者要求相关现象有结构性的配对。在一些常见的说法中，例如建筑与音乐的关系时，不理解这个原则，反而会引起混乱和不确的解读。

大现象

大现象中的事物，范畴的最上层参数是空间与时间；人作为重要的表演者，其创造的事物（包括解读）与自然的事物区分；此外，事物有不同层次的从无到有，是本原。这些是大现象的最上层参数。

自然事物　人造事物

时间　本原

空间　人/人

集B_2

有共通特性参数的集A_1

集A_N

更高共通特性参数的集B_1

集A_3

集A_2

集B_N

领域划分

各层次的分类，渐进为领域划分。

古往今来、万千万象，世界可被视为一个"大现象"。

人/动物、山/地、红/绿……这些用词都包含让我们理解世界的、最基本的重要操作——分类/归类。

分类是基于某些参数作比较解读。分类的结果不是绝对的，然而有共识的分类让人们能够沟通、细化和深化理解。

最上层的分类，是把大现象作领域划分。各种层次的领域如文学、信仰、农业等都是对大现象的共识分类，各类别里都有共识的现象和解读的参数。

"主领筑建"（Principal Construct）瞰视领域的划分。

瞰视

推想自在之事象为无限的过去至未来中宇宙万物存在的经历, 对其观察所见, 就是最大的现象。这个"大现象", 亦可视为所有观察到的现象的总和。

最基本亦最宏观的解读, 就是把观察到的现象比较后进行分类, 因为无论语言、数据、信息或知识, 分类是最基本的理解方法和工具。最上层的分类, 是将现象进行领域划分。

"主领筑建"瞰视大现象的最上层基本元素、领域划分的操作、目前共识的主要领域、领域划分的可能错误和误解。

主领筑建中所列的主要领域, 其名称或其共识的范畴, 是最广泛的大众目前对大现象的分类认识, 也是各领域筑建的起步参照。但它们也只是时代性的、大众化的解读, 并不是绝对的。

大现象

大现象可视为发生过的和推想的所有、增长中的现象总和。由于包含所有可能的现象, 大现象的架构由产生现象的观察、现象中的事物、表演者、感知和反应的所有可能参数组成。

其中, 事物的最上层参数:

事物 (包括初始事物、各种解读)
/作为表演者的人 (包括初始表演者、各层次的解读者)
空间
时间
本原

解读本身也是一个事物, "初始" 是把解读与其他事物进行区分;
"本原" 是宇宙万物和人的各种行为的最初起始点。

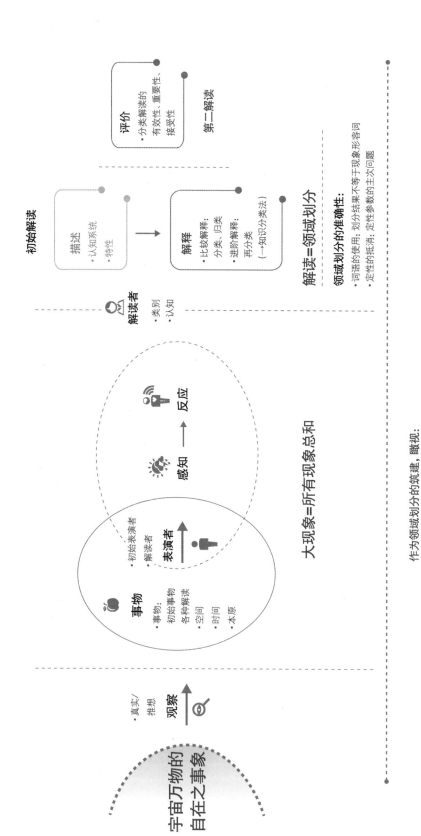

主领筑建 (Principal Construct)

作为领域划分的筑建，瞰视；
大现象划分的最上层元素，领域划分的操作，操作的可能错误和误解，
目前较有共识的主要领域（作为各领域的筑建的起步参照）

解读=领域划分

领域划分的准确性：
- 词语的使用：划分结果不等于关于现象形容词
- 定性的抵消：定性参数的主次问题

初始解读

描述
- 认知系统
- 特性

解释
- 比较解释：分类、归类
- 进阶解释：再分类
（→知识分类法）

评价
- 分类解读的有效性、重要性、接受性

第二解读

解读者
- 类别
- 认知

大现象=所有现象总和

事物
- 事物：初始事物
  各种解读
  - 空间
  - 时间
  - 本原

表演者
- 初始表演者
- 解读者

感知 → 反应

宇宙万物的自在之事象

观察
- 真实/推想

领域划分

比较解释

解读者可以把多个现象分类、或把单一的现象归类。分类和归类中,可以创造新类别、或采用一些已有共识的各主类别或各层次的子类别。

通过对大现象多样化的、长时间的、集体的分类解读,综合产生的结果是大众所共识的类别,包括上层的领域与子领域。这些分类会随时间而改变或增删,并不是绝对的。这样的领域划分,可分为随意的和专门的共识类别:

随意的共识领域

主要是针对初始事物的现象,产生一般大众的认知领域,如宗教信仰、社会、艺术等;

专门的共识领域

是在随意的共识分类的基础上,针对各种专门解读,综合出各种学术领域,例如科学等主领域;神学、政治学、绘画研究等领域;领域下细分的支领域。

专门的共识领域,涵盖随意的共识领域。针对类似的自在之事象的范围,两者的领域名称可能类似,例如心理学对应心理;也可能不同,例如物理、化学等科学对应自然现象。

所有分类与归类的方法,是针对相关现象的某些参数(而非定量内容),以类比或结构相似的对解进行。这些定性的参数很关键。例如,在共识的视觉艺术领域里,绘画是以定性于"媒介"中的材料参数来与雕塑等区分的。而绘画中同样以颜料画布作为媒介的写实派和抽象派,只是绘画领域中不同风格的解读,而不构成绘画下的支领域。

进阶解释

一些专门解读者会进一步深究共识的学术领域的再分类,形成各种知识分类法。他们提出的分类方式多与一些领域如哲学的解读对解,视为再分类的理由等。
此外,把学术子领域的分类对解一些领域(如数学)的解读,会形成不同的图书分类法等。

第二解读

领域划分是一种解读,这个解读可以再被解读。而再解读的方式主要是评价:针对分类解读本身,侦察其分类方法的有效性、重要性、接受性。这是针对大现象的第二解读。例如:评价建筑与雕塑领域划分的论据;界定一个全新科学领域所带来的影响;评估建筑师是否认可将建筑归入科学领域等。

主要领域

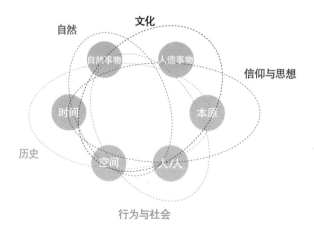

自然　　　　文化

信仰与思想

时间　　　　本原

历史

空间　　人人

行为与社会

随意的共识领域
经过长久以来的分类，人们将事物按不同的参数偏重，形成各共识领域。
其中，随意的比较解读，划分出如历史、自然等一般性的共识领域。

主要领域

随意的共识领域

划分随意的共识领域，能帮助人们通过类别对万物作基本的掌握，也是方便基本生存、聚居的实际工具。例如，在自然领域里，界定山水田园为自然环境、风雨雷电为自然现象等，有助于大众的沟通与发挥、工作分工、安全防范等。

长久以来，最上层的随意的共识领域，是：

针对自然事物、空间、时间的"自然"；
针对人的关系的"行为与社会"；
针对人造事物、事件的"文化"；
针对这些领域的时间展开的"历史"；
针对本原的推想的"信仰与思想"。

专门的共识领域

专门解读，比随意解读更深究、严谨、客观，更能不懈地推陈出新。专门解读的有效性基于科学方法、近科学方法或辩证方法的认知、操作。

专门解读，产生相对严谨的学问；长久以来专门的比较解读，将专门学问和对应的事物分类，划分出如统计学、法学、建筑等专门的共识领域，并在现代统合为科学与人文学两个最上层类别。

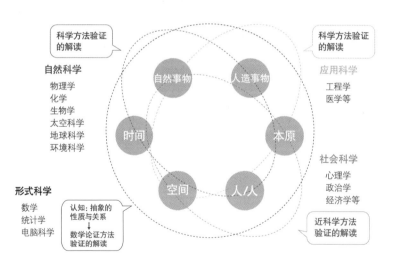

科学

共识上，科学类别的领域，是基于对宇宙万物可验证的推论，是以描述为主的解读。不同的推论对象和验证方法，形成各科学支领域。

例如，对天体星空的描述解读，以科学方法作验证，产生的专门学问，有别于其他对象或方法的科学学问，被分类为天文学。

专门的共识领域

划分专门的共识领域，能进一步帮助人们通过类别来明晰对大现象的各种解读，包括对大现象的细致分类、明晰解读对象的参数、了解特定的认知方法、掌握解读的特定操作等。例如，划分天文学的领域，会让人们知道要了解天文，可以细化观星的范围、明晰天体的速度距离、懂得利用仪器的辅佐和纠正观察误差、掌握星座划分等解读。

现代社会的主流划分中，最上层的专门共识领域，是"科学"与"人文学"，其下有各自的子领域。

科学

科学的领域，从对古往今来与未知的宇宙万物的观察开始。科学是通过专门解读才产生的认知领域，其定性是"可验证的推论"的认知方式，并以描述为主。现代科学领域有共识的宏观区分，是基于不同的观察对象、解读时专注不同的现象参数和不同的验证程度与方法，主要有：

针对自然宇宙万物、以科学方法验证的自然科学（化学、天文学等）；
针对人工万物为主、以科学方法验证的应用科学（工程学、医学等）；
针对人的行为、以近科学方法验证的社会科学（心理学、政治学等）；
针对宇宙万物最抽象的性质与关系（数量、结构、空间、变化），以数学论证方法验证的形式科学（数学、统计学、电脑科学等）。

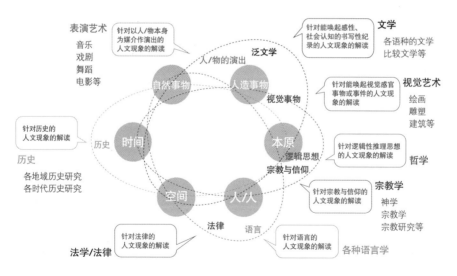

表演艺术

音乐
戏剧
舞蹈
电影等

针对以人/物本身为媒介演出的人文现象的解读

人/物的演出

泛文学

针对能唤起感性、社会认知的书写性纪录的人文现象的解读

文学

各语种的文学
比较文学等

自然事物

人造事物

视觉事物

针对能唤起视觉感官事物或事件的人文现象的解读

视觉艺术

绘画
雕塑
建筑等

针对历史的人文现象的解读

历史

历史

各地域历史研究
各时代历史研究

时间

本原

逻辑思想

宗教与信仰

针对逻辑性推理思想的人文现象的解读

哲学

空间

人/人

针对宗教与信仰的人文现象的解读

宗教学

神学
宗教学
宗教研究等

法律

语言

针对法律的人文现象的解读

法学/法律

针对语言的人文现象的解读

各种语言学

人文学

共识上，人文学类别的领域，是基于一般共识的人文现象（如历史、雕塑），或加上对现象的专门解读。而相比科学领域专注于描述，人文学的解读多会包含解释、评价。针对不同的人文对象，形成各人文学支领域。例如，绘画被共识为绘画艺术领域，通过绘画事物、其产生的视觉类反应以及偏重内容和评价的解读来识别。

人文学

人文学的领域，从对人类文化的观察开始。人文现象本身有较具体的随意的共识领域划分，例如绘画、烹饪、宗教、行为、历史、法律、思想等。这些现象，有不同的事物类型、或感知和反应的类别。人文学的定性是这些"类别化的人文现象"、重视解释与评价的解读。现代人文学领域有共识的宏观区分，是基于不同的现象类别，主要有：

针对信仰与宗教的宗教学（如神学、神话学、宗教研究等）；
针对语言的同名研究（各语种）；
针对能唤起感性、社会认知的书写性为主的，如诗歌、小说、剧本等泛语言文学的同名研究和分类研究（各语种的文学、比较文学等）；
针对历史的历史研究和分类研究（如各地域、时代的历史研究）；
针对法律的法学；
针对以人/物本身为媒介作演出的表演艺术，如音乐、戏剧、舞蹈、电影等的同名研究；
针对从起动视觉感官为主、以不同物质乃至人体为媒介创造的事物或事件的视觉艺术，如绘画、雕塑、建筑等的同名研究；
针对逻辑推论性思想的哲学。

交叠的共识领域

现代的文明社会中，大众对万物的分类理解，除了随意的认知领域外，按所受教育的程度会有不同方面或深度的专门认知领域。例如，海洋的归类，是随意的大自然领域和学术的海洋学领域。一个科学家看到海洋，可能同时作出两种归类，而对于一个小童，海洋学的归类就不在他的认知范围内。又如，人际交往中，即使没受过教育的人也能侦察出一些心理行为，但不能如心理学家般侦察出心理学理论下的深度解读。

领域划分的准确性

领域划分只是一种比较解读，没有绝对，但共识的领域有助于理解、沟通、解读（见后述"领域的筑建"章节）。在共识的前提下，领域划分的操作，要避免一些错误如下述例子：

词语的使用

描述这个车站建筑（中图）很有雕塑感（sculptural），是以雕塑领域（左图）作为建筑的现象形容词，但内在空间这个关键参数足以决定它是建筑领域的现象。若把它定性为雕塑（sculpture），便出现了领域划分的错误。虽然也有跨这两领域的情况（右图：是雕塑也是亭阁建筑），但形容词不等同于领域归类始终是关键的认知。

绘画风格编年：

定性的抵消、参数的主次

绘画有古今，固然可以作为历史领域的一部分，但我们不会因此把绘画归为历史领域而不是艺术领域。有共识的领域划分，归类上会考虑现象类别的整体性格，即识别上强弱抵消后的定性。

历史分类：

（1）**按地域分**：世界历史 、亚洲史、欧洲史、非洲史、大洋洲历史 、美洲历史、中国历史等

（2）**按时代分**：史前史、古代史、近代史、现代史等

（3）**按学科分**：哲学史、宗教史、思想史、史学史艺术史、电影史、**美术史**、建筑史、
      文学史、教育史、博物馆史、经济史、农业史、自然科学史、数学史 等

（4）**按种类分**：人类历史、动物历史、植物历史、地球历史等

（5）**按研究对象分**：个人历史（即传记）、画家历史、国王历史等

（6）**按历史的可靠性分**：正史、野史、传说、故事等

领域划分的准确性

词语的使用

领域划分并非绝对，对领域分类的方法是可以评价解读的。而对于有大众共识的领域，其划分的结果需要与现象形容词区分，才不至于产生误解。例如，无任何设定，单说建筑是雕塑，就像把建筑归入雕塑领域里，会使两者的共识领域变得含糊。其实，在领域的共识中，内在空间这个定性参数便足以区分建筑与雕塑。而当因为某些建筑有丰富的体量变化，令人联想到共识中的雕塑时，表达时只要使用"雕塑性的建筑"、"雕塑感"等现象形容词而不是表述得好像重划领域，含糊便可以避免。

定性的抵消

领域分类主要是通过比较现象的某些定性下的参数进行的。不同的定性，会把同一个现象归入不同的领域，但也有主次之分。例如，在共识领域的前提下，以媒介（材料）和反应类别（视觉）定性的绘画，不会因为加入了一个时代的画作作为参数，就把绘画归入历史领域而不是艺术领域。针对共识的领域，必需确认其主要定性，即识别强弱抵消后的定性，才不会归纳错误。

An apple a day keeps the doctor away

领域场景→"领域的筑建"（Field Constructs）

观察到有人在吃苹果，希望描述这个现象与人分享，一般会从场景开始，如现代生活中的休闲时刻、亚当夏娃的故事、白雪公主的动画、医生的健康忠告等。没有这些场景，描述吃苹果的行为不是弄得没完没了，就是不能作进一步深化解读。这些场景的描述，是意识或非意识地把现象进行初步的领域性分类认知，如对应的社会生活、宗教、娱乐、医学健康等。文明社会中，现象的解读，基本是某/某些共识领域下的解读，因此建立各个主要共识领域的筑建，是瞰视具体解读的切入点。

解读中有三个关乎认知和解读操作的基础方法，以下将概括与这三个方法对应的领域——自然科学、社会科学、哲学。

主要的筑建

正如现象和解读，筑建亦是多样、多层次、多种范围的。

例如观察某人吃苹果产生的现象，对其解读和相应的筑建范围可以非常广泛。然而，这一现象可能有不同的构成，如背景上可以在舞台上吃、在医学实验室内吃、在家里闲吃等。解读这个现象，便收窄为对应的戏剧、医学研究、社会行为的范畴。领域是把现象分类的方法，因此，最主要和实用的筑建就是有共识的各种领域的筑建。

下述是自然科学、社会科学和哲学领域的当下的、宏观的筑建，其中涵盖所有解读的认知方法的主要类别。

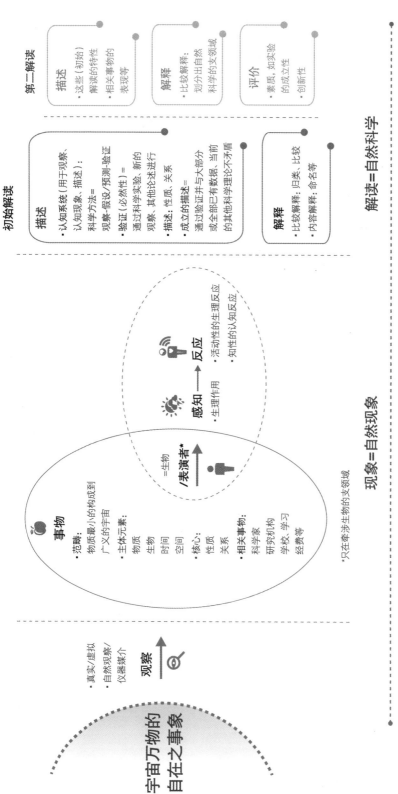

自然科学的筑建（架构）

宇宙万物的
自在之事象

观察
🔍
▪ 真实/虚拟
▪ 自然观察/
仪器媒介

事物
▪范畴：
物质最小的构成到
广义的宇宙
▪主体元素：
物质
生物
时间
空间
▪核心：
性质
关系
▪相关事物：
科学家
研究机构
学校、学习
经费等

=生物
/表演者*

感知 → 反应
▪生理作用
▪活动性的生理反应
▪知性的认知反应

*只在牵涉生物的支领域

初始解读

描述
▪认知系统（用于观察、
认知现象、描述）：
科学方法
▪观察-假设/预测-验证
验证（必然性）=
通过科学实验、新的
观察、其他论述进行
▪描述：性质、关系
▪成立的描述=
通过验证并与大部分、
或全部已有数据、当前
的其他科学理论不矛盾

解释
▪比较解释：归类、比较
▪内容解释：命名等

第二解读

描述
▪这些（初始）
解读的特性、
相关事物的
表现等

解释
▪比较解释：
划分出自然
科学的支领域

评价
▪素质，如实验
的成立性
▪创新性

现象=自然现象

解读=自然科学

自然科学领域

自然科学的筑建 | 科学方法

观察

自然科学的领域，从对古往今来与未知的宇宙万物的观察开始。

自然科学的观察是自然的或通过仪器的观察，可以是真实的或虚拟的。

现象

自然科学领域的现象中，事物的主体是物质、生物、时间和空间各主元素，范畴可以从物质的最小构成到广义的宇宙。事物的核心是这些元素的性质、关系方面的特征。

自然科学的支领域，从观察的对象开始区分，如粒子物理学和天文学便有明显的不同对象。

在自然科学牵涉生物的支领域中，生物便是其现象内的表演者，他们的感知的生理作用、活动性的生理反应、知性的认知反应都是现象的内容。而其他支领域如纯物理现象中，则是没有表演者的。

初始解读

专门解读这些观察到的自然现象，才产生自然科学这个领域。

其最主要的识别是观察和认知现象的方法、对相关事物性质和关系的描述操作的方式，一般整体理解为"科学方法"：观察－假设/预测－验证；验证可以通过科学实验、新的观察、其他论述进行；通过验证的，可以成立为科学理论，前提是需要与大部分或全部已有数据、当前其他科学理论不矛盾，最终达到的是必然的结果。

自然科学是基于已有的或新提出的科学方法认知，对自然现象的观察与描述解读。此外，解读者可以进一步将其解读，与已有科学支领域比较解释，将之归类，如归为分子物理学等；解读者也可以作内容解释，如为解读命名（"相对论"、"进化论"等）。

科学领域的解读是专门的解读，解读者是科学家、科学学者。没有科学方法作基础的观察和解读，只是对自然现象的社会性或人文性的随意解读。

现象

自然科学领域的现象，是统称为大自然的古往今来、宇宙万物。最关键的主体事物是时空中的"物质"（material）的"性质"（property）与"关系"（relation）。

科学方法

自然科学是通过专门解读产生的领域，其识别在于认知自然现象的方法与描述操作时的方式，统称"科学方法"（scientific method）：观察－假设/预测－验证。观察的量化、客观表达的抽象程式、反复的实验等都是科学方法的一些手法，重点是可重复、无例外的验证，以达到必然的结果。

第二解读

诺贝尔科学奖是对有突破的科学家的表扬，是通过评价解读来判断的，这个评价是科学的第二解读。其他的第二解读：科学支领域的划分、科学家的生平……

第二解读

以上的专门解读者，对自然现象的第一人称的有效解读，可以得出初始的科学理论。

其他人作为观察者，可以观察这类初始科学解读产生的现象：其中的主体事物是这些初始解读，相关事物可以是相关的科学家乃至研究经费、科学教育、当时的社会背景等。这些观察者可以进而解读这个现象。

例如，描述初始科学理论的特性、相关科学家的个人背景的表现等；

又如，评价科学理论的创新度、当中实验认知的素质或有效性等；

又如，将不同的自然现象、不同的解读进行比较解释，把它们分为自然科学的不同支领域：如按现象的事物尺度可分为以原子为基础的物理科学（物理学、化学）、以生物细胞为基础的生命科学（功能生物学的生理学、医学、生态学；细胞生物学的生化学、进化生物学）、以地球至宇宙为基础的地球与空间科学（天文学的行星科学、宇宙学；地球科学的气候地理学、地质学、海洋学）等。

这些都是对科学现象的"第二解读"，按其解读的层面，解读者可以是专门的科学家、学生、科学杂志的评论家，也可以是随意的普通群众。

领域

初始的自然科学解读和进阶的专门的第二解读，构成整个共识上的自然科学领域。

上述只是整个自然科学领域的宏观筑建，各支领域需要有各自实用的、针对性的筑建。

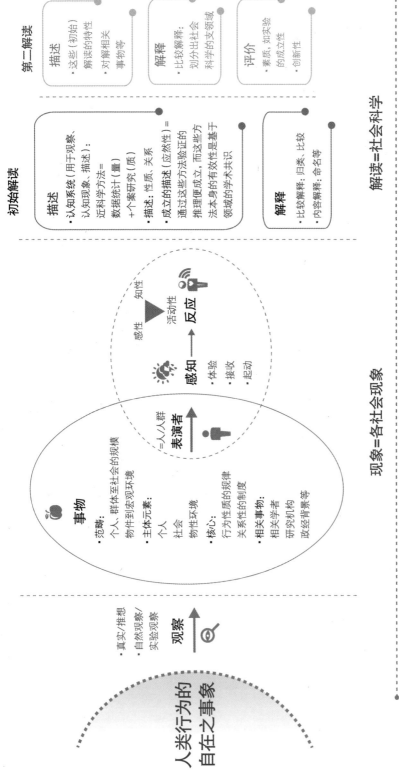

社会科学的筑建（架构）

人类行为的
自在之事象

观察
- 真实/推想
- 自然观察/
  实验观察

事物
- 范畴：
  个人、群体至社会的规模
  物件到宏观环境
- 主体元素：
  个人
  社会
  物性环境
- 核心：
  行为性质的规律
  关系性的制度
- 相关事物：
  相关学者
  研究机构
  政经背景等

=人人群
表演者

感知 → 反应
感性   知性
    活动性
- 体验
- 接收
- 起动

现象=各社会现象

社会科学领域

初始解读

描述
- 认知系统（用于观察、
  描述）：
  认知现象、描述）：
  近科学方法=
  数据统计（量）
  +个案研究（质）
- 描述：性质、关系
- 成立的描述（应然）=
  通过这些方法验证的
  推理便成立，而这些方
  法本身的有效性是基于
  领域的学术共识

解释
- 比较解释：归类、比较
- 内容解释：命名等

第二解读

描述
- 这些（初始）
  解读的特性
- 对解相关
  事物等

解释
- 比较解释：
  划分出社会
  科学的支领域

评价
- 素质，如实验
  的成立性
- 创新性

解读=社会科学

社会科学的筑建 | 近科学方法

观察

社会科学的领域，从对人类行为的观察开始。

社会科学的观察是自然的或通过实验的观察，可以是真实的或推想的。

现象

社会科学领域现象中，事物的主体是个人与社会、物性环境各主元素，范畴从个人、群众到不同规模的社会，从一个物件到地理气候的环境。事物的核心是行为性质的规律、关系性的制度方面的特征。

领域中的人或人群，是现象内的表演者，他们的感知以及活动性、感性或知性的认知反应是现象的内容。

各社会现象本身，是这个领域和其支领域的重要识别。

初始解读

专门解读观察到的社会现象，便产生社会科学。

这些解读，是从描述对象事物的性质、关系开始的（例如针对行为心理），它描述环境中人的反应以及环境与反应的关系。其重要的识别是认知现象的方法、对相关事物性质和关系的描述的操作方式，一般理解为"近科学方法"：数据统计（量）+个案研究（质）；数据可以是实际的数据、问卷、对象实验等，个案研究可以是对个案直接观察、交流、判断性的分析；能够被这些方法验证的推论，便可以成立为社会科学理论，而这些方法本身的有效性只能基于该领域学术界的共识标准，达到的是应然的结果。

社会科学是基于近科学方法的认知，对社会现象的观察与描述。此外，解读者可以进一步将其解读，与已有社会科学支领域比较解释，将之归类，如归为政治心理学等；解读者也可以作内容解释，如为解读命名（"格式塔理论"、"博弈论"等）。

社会科学领域的解读是专门的解读，各分领域的解读者是心理学家或学者、经济学家或学者、社会学家或学者等。没有近科学方法的观察与解读，只是人或人群对社会的反应（随意解读），是内在于社会现象的行为。

现象

社会科学领域的现象，是统称为社会的各种内在和外在的人类行为。最关键的主体事物是人在物性环境、个体背景以及从他人到社会等范围中的"行为"（behaviour）的"性质"（property）、"规律"（pattern）、"关系"（relation）和"系统"（system）。

近科学方法

人普遍都会对他人和社会作随意观察、诉说、讨论、评论等，这些都是人类行为与社会现象的一部分。而社会科学是通过专门解读产生的领域，其识别在于其解读对象（社会现象）和统称为"近科学方法"（qualitative scientific method）的认知方法与描述的操作方式。这个方法包括量性的数据统计和质性的个案研究，重点是基于领域的共识标准（如观察的方法、分析的步骤、统计的数据量等方面）进行验证推论，以达到应然的结果。

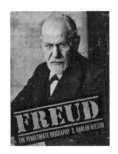

第二解读

弗洛伊德的传记描述了生平与评价贡献等，这是心理学的第二解读。其他的第二解读：社会科学的支领域划分、这门科学的逻辑……

第二解读

以上是解读者对社会现象的第一人称的解读，从中得出初始的社会科学理论。

其他人作为观察者，可以观察这样的初始社会科学解读产生的现象，其中的主体事物是这些初始解读，相关事物可以是相关的学者、研究单位、政经背景等。这些观察者可以进而解读这个现象。

例如，描述初始理论的特性、将之对解相关学者的背景作为其解读理由等；

又如，将不同的社会现象、不同的参数解读进行比较解释，可以分为社会科学的不同支领域，如心理学、语言学、经济学、政治学、社会学、教育研究、传播学、人类学、地理学等，或将支领域再细分；

又如，描述初始理论使用的认知方法，评价该方法的成立性。

这些都是对社会现象的"第二解读"，按其解读的层面，解读者可以是专门的学者、学生，也可以是随意的普通群众。

领域

社会现象、初始的社会科学解读和进阶的专门的第二解读，构成整个共识上的社会科学领域。

上述只是整个社会科学领域的宏观筑建，各支领域需要有各自实用的、针对性的筑建。

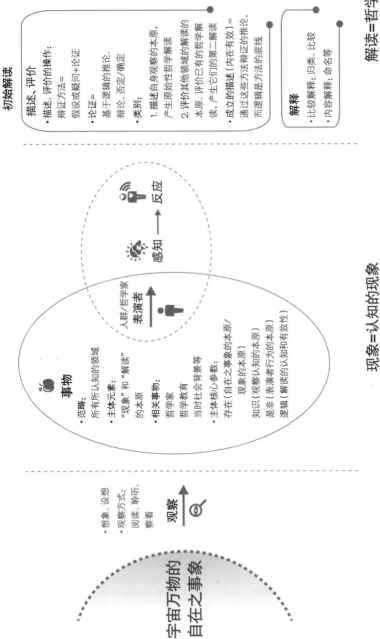

哲学的建构（架构）

宇宙万物的自在之事象

观察 🔍

- 观察方式：阅读、聆听、察看
- 想象、设想

现象=认知的现象

事物

- 范畴：所有所认知的领域
- 主体元素："现象"和"解读"的本原
- 相关事物：哲学家、哲学教育、当时社会背景等
- 主体核心参数：
  存在（自在之事象的本原/现象的本原）
  知识（现象认知的本原）
  是非（观察者行为的本原）
  逻辑（表演者的认知和有效性）

人群/哲学家 表演者

感知 → 反应

解读=哲学

初始解读

描述、评价

- 描述、评价的操作：
  辩证方法=
  假设或疑问+论证
  论证=
  基于逻辑的推论
  辩论、否定/确定
- 类别：
  1. 描述自身观察的本原，产生初始性哲学解读
  2. 评价其他领域的解读的本原，评价已有的第二解读，产生它们的第二解读
- 成立的描述（内在有效）=
  通过这些方法辩证的推论，而逻辑是方法的底线

解释

- 比较解释：归类、比较等
- 内容解释：命名等

第二解读

描述

- 这些（初始）解读的特性
- 对解相关事物等

解释

- 内容解释：这些解读与其他领域现象对解
- 比较解释：划分为多个支领域如性支领域、形而上学、知识论、伦理学、逻辑学
- 按核心参数划分的课题
- 按其他本原划分的各领域行为的本原如现象或解读
- 按时期、地域、类别划分的哲学，如教育哲学、政治哲学、心灵哲学等的知对应的中古哲学、东方哲学、大陆哲学等

哲学领域

哲学的筑建 | 辩证方法

观察

哲学的领域，从对宇宙万物的观察开始。

哲学的观察，是以虚拟想象、设想的观察为主，而观察方式通常为阅读、聆听与察看。

现象

哲学领域的现象，范畴涵盖了所有认知中的领域，事物主体的主元素是"现象"和"解读"的本原，其核心的参数是：

· 存在（相关"自在之事象"与"现象"的本原）
· 知识（相关"观察认知"的本原）
· 是非（相关"表演者行为"的本原）
· 逻辑（相关"解读的认知和有效性"的本原）

哲学领域的现象本身也有表演者，如普遍的人群、哲学家本身等，但他们及其感知与反应并不是这个领域的最关键的识别。

初始解读

专门解读这些观察到的本原现象，才产生哲学这个领域。这些解读主要分为两类：

· 描述解读者自身观察到的一些本原，产生原始性的哲学解读；
· 评价其他领域的解读行为的本原、评价已有的哲学解读，产生其他领域或哲学的第二解读。

哲学最重要的识别是其描述和评价操作的方式，一般整体理解为"辩证方法"：假设或疑问+论证；论证是基于逻辑的推论、辩论、否定/确定；能够被这些方法辩证的推论，便可以成立为哲学理论，而逻辑作为统一思维的工具是这个领域的底线，达到的是内在有效的结果。

哲学是基于辩证方法的认知，对本原现象的描述或评价。此外，解读者可以进一步将其解读，与已有哲学支领域比较解释，将之归类，如归为形而上学、分析哲学等；解读者也可作内容解释，如将原始性的哲学解读命名，例如：唯心主义、理性主义、唯物主义、现象论、经验主义、一元论、二元论、怀疑主义等。

哲学领域的解读是专门的解读，解读者是哲学家、哲学学者。没有哲学方法作基础的解读，只是内在于现象本身的、对本原的思考反应或随意解读。

现象

哲学领域的现象，是人类所有的认知，最关键的主体事物是泛认知产生的现象和解读的"本原"（justification/origin）——"存在"（existence）、"知识"（knowledge）、"是非"（ethic）、"逻辑"（logic）。

辩证方法

很多人都会随意思考一些本原的问题如生死、伦理基准、意义等，可能会结论于某些共识的见解，形成个人的信仰、价值观以至迷茫等。而哲学是通过专门解读产生的领域，其识别在于其解读对象（初始观察的现象或已有的解读两者的本原）和统称"辩证方法"（philosophical method）的描述与评价的方式。这个方法包括假设/疑问和逻辑论证，重点是推论能通过辩证达到内在有效的结果。而正如辩论比赛的赢输不在于是正方或反方，哲学理论只有成立与否而没有真正的对错。

第二解读

为哲学家立像颂赞，是评价其贡献的表达，这是哲学领域的第二解读。其他的第二解读：哲学流派的划分、评价个别哲学的社会效应……

第二解读

专门解读者对本原现象的第一人称的原始性有效解读,可以得出初始的哲学理论。

其他人作为观察者,可以观察这些哲学解读产生的现象:其中的主体事物是这些初始解读,相关事物可以是相关的哲学家、哲学教育、当时的社会背景等。这些观察者可以进而解读这个现象。

例如,描述某些哲学理论的特性、与哲学家社会背景的关系等;

又如,解释哲学与社会发展的关系,作为哲学的作用等;

又如,将不同的本原现象、不同的解读作比较解释,把它们分为哲学的不同支领域或类别,如:

按本原现象的主体核心参数,划分为哲学课题的支领域,
即形而上学(存在)、知识论(知识)、伦理学(是非)、逻辑学(逻辑);

按其他领域的现象、或其他领域解读行为的本原,划分为各相关领域的哲学,
如教育哲学、法律哲学、政治哲学、心理学哲学、社会学哲学、心灵哲学,历史哲学、语言哲学、宗教哲学、艺术哲学,科学哲学、数学哲学、时空的哲学等;
针对哲学解读的本原,划分出分析哲学等;

按历史时期、地域、类别,划分为哲学的类别,
历史类别如古代哲学、中古哲学、文艺复兴哲学、革命时代哲学、现代哲学、当代哲学等;
地域类别如东方哲学、西方哲学等;
上层类别如区分于分析哲学风潮的大陆哲学等。

这些都是对本原现象的"第二解读",按其解读的层面,解读者可以是哲学家、学生、哲学评论家,也可以是普通群众。

领域

初始的哲学解读和进阶的第二解读,构成整个共识上的哲学领域。

上述是整个哲学领域的筑建的宏观构成,通过哲学学界的共识可以将之细化。

建筑的筑建

现代建筑先驱之一勒·柯布西耶（Le Corbusier）：
"建筑是一些搭配起来的体块在光线下辉煌、正确和聪明的表演……"；谢林（F.W.J. Schelling）常被忽略背景地引用的名言："建筑是凝固的音乐"……
建筑必须是这样的？建筑必须有正确的定义、有必然的条件？

中央电视台总部大楼新址，从方案到建成一直受到中国建筑界与大众的猛烈批评。但这个国际竞赛的中标方案当初为什么会被国内外专家组成的评委团选上？
……怎样才是好的建筑？好坏的判断是如何作出的？

勒·柯布西耶于1950年代设计建成的朗香教堂，其内墙面的大小窗台构成了建筑史上初见的拓扑几何立面。而在斯蒂文·霍尔（S. Holl）的很多作品中（如2007年建成的Bellevue Arts Museum, Washington）亦可看到类似的几何局部。
抄袭、模仿、灵感、启发……？如何评价建筑创意？

建筑学校多年来的创作训练，多以幼儿园、博物馆、住宅等课题让学生做项目设计。
这样的课程是否具有效率？还可以怎样去学习建筑？

Architecture

From Wikipedia, the free encyclopedia

Section of Brunelleschi's dome drawn by the architect Cigoli (c. 1600)

暗沉高窄的沉重空间、类似于展览馆的全玻璃幕墙空间，它们可以作为同一宗教、神圣意义的载体？
建筑的意义从何而来？

严肃网站里，可搜索到的"建筑"（architecture）说明包括理论、时代和地区样式。仅凭这些就能了解什么是建筑？

面对诸如此类的问题，如果能够宏观地认识建筑的现象与解读，可以解答的就不只是这些问题，更包括问与答的本质。这样的认知，就从"建筑的筑建"（Construct of Architecture）开始。

居所、建筑物、结构、都市……
业主、建筑师、建筑学生、施工单位……
立面、空间、比例……
功能使用、感受、识别性……
日常使用者、游客、评论家的体验……
……
长时间和集体的观察体验与共识，展现出一个现象类别：建筑。
其中，关键的领域识别是建筑空间和实体构成的形态，以及相应的身体和视觉体验。
基于视觉体验的识别，建筑被有共识地归类于艺术大领域的支领域——视觉艺术里。

草图、完工照片、VR模拟的观察……
言语形容、激光测绘、电脑程式的认知……
形态、符号、行为因由的描述……
意义、建筑风格、学派的解释……
模仿的设计、伟大建筑的评价……
设计概念、建筑宣言、建筑美学的解读……
……
长时间和集体的解读与共识，展现出一个领域和知识类别：建筑和建筑学。

"什么是建筑？"——"建筑是……"……
不同的定义、各自的见解、专家理论……
是抽象、深奥、不能尽言，
还是因问题不清晰，造成问题与解答的错配？

什么是建筑领域？　　　　（field of architecture）
什么是建筑学？　　　　　（studies in architecture）
什么是建筑物？　　　　　（building/work of architecture）
什么是建筑（现象）？　　[（phenomenon of）architecture]
什么是有素质的建筑？　　（quality architecture）
什么是创新的建筑？　　　（creative architecture）
什么是有突破的建筑？　　（Architecture）
什么是伟大的建筑？　　　（great Architecture）
什么是好的建筑？　　　　（good architecture）
什么是受喜欢/喜爱的建筑？（architecture liked or loved by -）

对答的错配，可以对照"什么才是人？"这个问题。
长久以来，未注明的词语增删左右着对问题的理解、局限着思维、扰乱着辩论。问题清晰后会发现，我们需要的，是一个超越问答的瞰视。

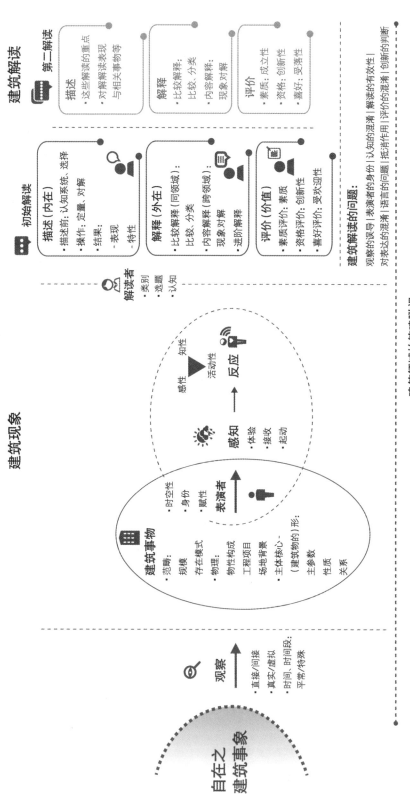

建筑的筑建（架构）（Construct of Architecture (outline)）

"建筑的筑建"瞰视：

建筑现象的构成；
解读建筑现象的过程——选题、认知、操作、表达；
解读的可能错误与纠正方法，包括评价建筑现象的相关问题；
建筑解读的类别。

"建筑的筑建"的延伸，可明晰设计取向、设计行为、建筑学习、进步的态度。

"建筑的筑建"基于分析和整合：
建筑学说等建筑解读的本质、
行为心理学的发现与概括。

建筑现象与解读架构是筑建的基础，架构内的参数则可以与时增删调整。

有观众从画面中看到这样一个场景：
当下某城市老区的一角，镜面的建筑外墙，倒映出街角的镜像、产生异样的透视；
当中的人物，或错愕地注目与回头，或进而以身体接触镜面，像是要确定其真伪……
……
在共识的建筑领域认知下，这是一个建筑现象：
它是这位观众通过画面的媒介去观察这个自在的城市的局部所产生的，
现象中包含建筑事物——于当下的时空范畴内，有重度塑性形态的石面建筑物、高反射的玻璃面和现代道路等物性事物，更有作为现象中表演者的路人或人物，
面对镜像错觉，表演者们或表现出反射反应般的感知、或做出身体性和知性反应的举动。
……
自在之建筑事象、观察、建筑事物/表演者、感知和反应这些主参数，
共同组成"建筑现象"的架构。

此外，对于多数观察者，在该场景产生的现象中，近处的事物与表演者可能会很具体或详细，而远处的道路和路人则是一个背景性的事物，被简单地视为城市街道而已（这些路人的表演者身份被隐没），但对于近处的表演者而言，这个背景也是他们观察到的一个现象。建筑现象的架构，涵盖现象的层次和交叠，如这个背景现象便是场景现象中的事物之一。

对建筑领域的自在之事象，观察者通过体验观察，产生建筑现象。
建筑现象常被简称为"建筑"（architecture）。
自在之事象与观察者的体验观察，都可以是真实存在的或模拟想象的。

建筑现象的架构包含：
建筑事物和其中的表演者、
表演者通过体验建筑事物初步产生的感知、
表演者进而产生的身心反应。

建筑事物包括主体性的建筑物 [building(s)或work(s) of architecture] 及相关事物如设计者、
环境、规范技术等。

表演者是建筑现象内的人众（或含动物），如建筑物的常用者、访客、观赏者等。之所以称
为表演者，是为了区别于置身现象外的观察者。观察者可以同时是表演者。
建筑包含了广泛的建筑事物尤其是表演者，因而区别于建筑物。

建筑可以是局部、一个或多个建筑物产生的现象。
建筑也可指多个建筑现象的一个统合现象。
所有建筑现象，都涵盖在以下框架和一些参数的不同定量中。
这个框架涵盖了建筑现象的层次和交叠，如事物可包含表演者体验的现象。

观察

建筑解读的对象是建筑现象，而不是自在之建筑事象。现象是由"观察"（Observation）产生的。

观察与建筑现象

对一个客观上自我存在的城市，一位观察者现场的观看是直接观察，他通过一张优秀照片看到类同的角度是间接观察，这座城市的相同范围于他产生两个不同的现象；若他改天再看时碰上不同的极端心情，或者刚好风雨来临，于他又产生另外两个不同的现象；他走进城市中观看到的又是另一个现象……并且显然，即便是同一观察条件，于别的观察者产生的又是另外不同的现象。

观察不一定是直接对实物的观察，也可以是通过模拟的媒介如效果图。图纸本身当然是一个自在之事象，但对观察者来说，效果图于他产生了一个建筑现象，只是其中的自在之建筑事象是虚拟的（可以形成于效果图和其他未公开的设计图）。这个推想的虚拟的事象，于别的效果图观察者又产生不同的现象。

同一个自在之建筑事象可以产生千差万别的建筑现象，因此观察的条件必须明晰，现象才会比较明确。而相对客观和全面的观察，产生的现象会更接近自在之建筑事象——这是解读建筑的最理想前提。

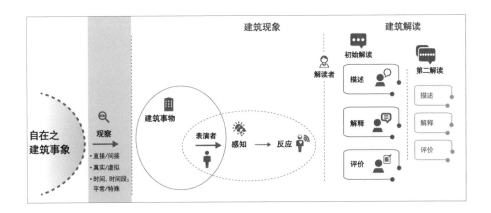

观察

观察是指广义的身体体验、视觉观察。

解读者首先是观察者。

对建筑领域的自在之事象,观察者可以亲身直接观察,可以通过他人的记录如照片和录像等间接观察,也可以只通过如图纸、模型和电脑动画等虚拟推想观察。同时,所观察的可以是一个处于特定时间、季节、事件等背景中的事象,也可以是一般情况下的事象。特定的例如,夏日雷暴中、深秋夕阳中、春节装饰中的建筑事象;一般化的例如,正常工作日白天中的建筑事象。

观察的直接性、媒介、时间性等条件,以及观察者个人,都影响着观察结果。而观察到的现象,可以是局部的或详细的建筑事物和表演者行为——这亦可能是观察者意识或非意识的取舍。因此,对不同的观察者(包括于不同时间进行观察的同一观察者),相同的自在之事象可能展现出不一样的建筑现象。

要明晰所观察到的建筑现象,尤其在随后的解读时,首先要明确这些条件的设定。向其他人表达一个解读时,更要先清楚地指出这些设定。

建筑事物

任何观察产生的现象，若不处于一个共识的领域里，是很难进一步深化理解和沟通的。

共识领域都有关键的识别，于建筑领域这个关键识别是人造的建筑物，因此它是"建筑事物"（Architectural Physicality）中的主体事物。

建筑事物的架构可归纳为范畴、物理、形，和表演者（分述于后）。

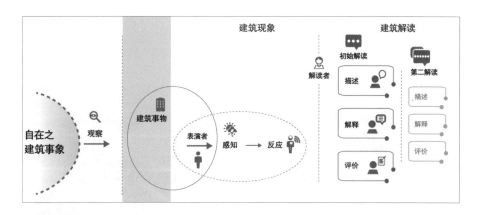

建筑事物

建筑领域的关键识别,在事物方面是人造的建筑物,是为建筑事物的主体部分。建筑物的核心是多样化的空间及实体,一般称为建筑物的形态,简称"形"(architectural form 或form)。

建筑现象中,建筑事物的架构包含:

范畴,即广义的建筑物之规模、存在特性;
物理,即建筑物所关连的物性构成、工程项目、场地背景;
形,即决定建筑物特征的主参数、性质、内在的关系。

此外,建筑物以外,建筑事物大都有真实或虚拟存在的表演者(分述于后)。

范畴

现象中的建筑物，规模上可以是一个构件如窗户、一座大型机场、一座超级城市以至遍及无边宇宙中的一个超大星体；存在上可以是残存的历史废墟或它的整体模拟复原、想象的外太空文明世界……这些都是现象的范畴。例如，某个自在之建筑物是一整栋楼，但解读者只有一张它窗户的照片，或他只针对它的窗户进行观察，那么产生的现象的范畴就只是窗户。

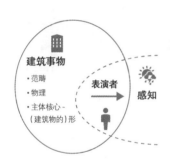

范畴

规模

广义的建筑物规模可以是物件（如门窗）、建筑物或建筑群（含室内和室外环境）、微观环境（如社区）、都市规模（如城镇）、宏观环境（如区域）、地理性规模（如海洋）、宇宙规模（如月球）等层次参数。

这些是观察到的建筑物的可能规模。

存在的时空和模式

建筑物可以存在一定的、设定的或不特定的空间（泛称地点）和时间里。

建筑物可以是整体、局部的存在（含模拟想象的）。

建筑物可以在不同模式下存在：历史性（如原物、重建）、恒久性（如永存、变动中）、阶段性（如已建、在建、待建）、物性（如现存、已拆卸、纯想象的）、时间性（如存在的、虚拟的、时段）等。

这些是建筑物的存在本身的可能状态。

物理

建筑物有其自身的物性构成，包括所处的场地。此外，亦有作为一个工程项目的各种支援如人员、设计要求等。

物性构成

建筑物能够被物性地实现，需要一些基本成分和某些实现的手段，这样会产生一些物性的自我效果。
不同时空或规模的建筑物会有不同的物性构成。

基本成分：混凝土或竹子等材料、水电空调等设备都是建筑的物性成分，其他还有框架等结构、开口等构筑、草木等自然物、家具等物品……

实现手段：人工组装等施工（含拆卸）、3D打印等建设技术都是实现手段……

自我效果：如自然通风或穹顶光影等环境、交通等移动性都是建筑的自我效果，其他还有冷热环境或用电等能源消耗或节减、费用等经济收益……

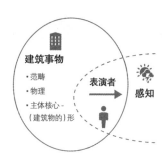

物理

物性构成

物性构成决定建筑物的物性实现与物性效果。物性构成的参数包括：

成分面：

材料（如结构材料、饰面）、结构、构筑（如外墙系统、节点）、设备与支援（如空调、钻油机械、保养系统）、自然物（如花草、水、动物）、物品（如家具、汽车、太空飞船）等；

实现面：

建设施工（含拆卸）、技术操作（如材料技术标准）等；

效果面：

环境（如光/影、声、水、风、电）、能源（如节能性）、经济（如效率）、移动（如交通）、置换性（如更改的弹性）等。

这些物性构成是建筑物基本的实体物理（但这里的实体不一定是实物）。

工程项目

建筑物的出现、实现和存在可归纳为工程项目,包括如一定面积的书店等载体、建筑师或施工队等人员和组织、日照规范或验收等管控、设计草图或BIM等设计行为以及建筑教育或杂志评论等扩展背景。无论是虚拟的、准备实施或已实施的建筑物,都是在项目营运下产生的,哪怕是一个纯粹的遐想,至少也有遐想者的设计行为。

场地背景

环绕着所在的地(不一定是地面)和它的不同扩展,建筑物处于一个场景里,从"基地性"如依山而建、"环境性"如严冬的气候条件、到"地脉性"如所在大都市的特色或规划。当然,这些场景也可以是超越性的虚拟想象。

注:建筑物的相关参数如构筑、载体等,都使用了极度中性和概括的认知词汇,而避免了如门窗、功能等带有后述表演者知性反应的名词,以区分建筑现象与解读。下述"形"这一不能取代的参数用语,亦应在这个基础上理解。

工程项目

支援物性构成的是建筑工程的设立、运作、背景,包括下列参数:

目标载体:

类型(包括类别如图书馆、目标性如地标)、功能和需要(如面积、用途、交通)等;

人员和组织:

业主、使用者(广义的,含参观者、路人乃至同城居民等)、项目组人员(如建筑师、结构工程师、估算师、施工单位)、营运人员(如物业、维修员)等;

管控:

项目计划(如工程进度、质量控制)、经济指标、市场策划、法律规范(如资格、审批、日照要求)、工程机制(如国家模式、地方模式)等;

设计:

设计过程(如手绘、BIM)、表现媒介(如平面图、施工图)、具体作业方式(如异地设计、不间断运作)等;

扩展背景:

专业人员之训练(如建筑学校)、教育(如师徒式)和宣言(如设计理念说明)、媒介介绍(如杂志)、评论与评论家、政治经济等社会环境等。

这些是建筑物实体外的相关事物,其中的人员组员都是建筑现象的可能表演者。

场地背景

是指广义的建筑物所在不同层次的背景,参数包括:

基地的:

地段的地理(如坡度、高程)、物理(如土壤构成)、配套(如交通和市政设施连接)等;

环境的:

微观和宏观生态、气候条件(如日照、风、雨)、稳定性(如是否在地震区)等;

地脉的:

邻地(如建设状况)、地域规划(如现状、城市发展计划)、宏观的所在(如所在的城市或国家乃至星球)等。

这些是建筑物实体和相关工程项目所在的背景,包括具象的和抽象的。

形

建筑物的核心是形态,简称"形"(form)。形的构成,可以用主参数、性质、关系来概括认知。

形的主参数

"空间"(space)是空的三维,加上固体的三维"实体"(mass),便构成形的主参数。

基于维度,点、线、片、面、体是实体类型的概括认知,但它们经常混合。

实体之于空间,围合、划分和减法是常见的总体特性,如:

吊灯(点)可碎化一个室内空间;

连排的自立柱(线)可划分出多个半围合的、间隔的空间;

一堵开放垂墙(片/面)可划分出模糊的内外空间;

古金字塔(体)则可从大地空间减去金字塔的轮廓,变动了原本均质的大地空间。

实体是有体量和厚度的,比如由厚墙围合的室内空间体积,与实体的外围体积便明显不同,严格来说空间是由实体的"轮廓面"(bounding surface)决定其特性的。轮廓面上的开洞、边界等,是轮廓面本身的内在构成:

轮廓面与空间:相对厚度与绝对厚度皆单薄且透明的轮廓面,其实体与空间体积几乎一样,最大化地减弱了室内空间的围合感;

轮廓面的存在:绝对厚度虽大但相对厚度不大的结构外墙,为结构外部赋予全面的开洞,从而使轮廓面的面性存在变得突出,室内空间处于半围合的状态,整个实体的围合性降低;

轮廓面与实体:绝对厚度与相对厚度都大的外墙,其开洞虽有限,但通透力强,整体的实体围合性减弱。

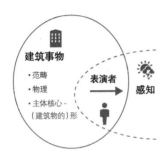

形

主参数

"空间"（space），纯字义的共识是指物理意义上内无所有、空（真空或有气体）的三维。

"实体"（mass），纯字义的共识是指物理意义上固体的三维。

建筑形态的主参数是空间和实体。

实体可以按不同的相对维度概括分为：

点性（类似维度的交点，如悬吊下的物件）；

线性（一维，如认知上的柱）；

片性（一维与二维之间，如认知上的单片屏风）；

面性（二维，如认知上的墙面、吊顶、层板）；

体性（三维，如建筑外观轮廓）。

空间的特性是由实体，更准确地说，是由实体的"轮廓面"（bounding surface）定义，因为实体皆有体量与厚度。例如，在围合性上，

面性实体可形成围合空间（如认知上的室内空间）、

线性实体可产生模糊的隔断空间（如认知上的柱廊空间）、

多个体性实体可形成半围合空间范围（如建筑群的室外空间）。

实体与空间的轮廓面，有其内在的参数：边缘或边界、端头、隅角、过渡（如关节或接口）、开口等。

形的性质

作为一个物体（entity），形有它的"性质"（property），由空间、实体和它们的轮廓面三者的性质构成，体现在这些方面：

几何：如扎哈·哈迪德（Z. Hadid）的自由三维弧形、延展比例的、秩序不规则的实体和空间几何；

密度：如赫尔佐格与德梅隆（Herzog & de Meuron）的运动场外围，柱体和间隔空间的密度很高，同时又极细长、大量；但加上大楼梯的步线和顶棚的细分递退，整体却很轻巧、开放；

方向：如托马斯·赫斯维克（T. Heatherwick）的雕塑与建筑的实体，都有共通的集簇外向指向性；

表面素质：如萨尔加斯卡诺事务所（Selgascano）的空间轮廓面，有着塑膜、荧光系多彩、半透光等素质；

表面塑性：如欧洲文艺复兴住宅的外轮廓，规整的凹凸和有机样式的浮雕，形成不同的高塑性。

形的关系

作为一个物体，形亦有它的"关系"（relation），体现在空间、实体和它们的轮廓面各自或相互之间。例如，多个实体之间可以有某种关系，空间与其轮廓面之间可以有某些关系等。这些关系有着时、空方面的不同种类，并具有某些素质。

   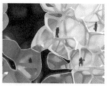

时序关系：如安藤忠雄的室内，某些日照条件的时段下，会产生边光与构件横扫墙面的阴影；

空间关系：如迪拜新千禧的城市规划，地块划分有围合、向心、群组/分隔等的拓扑性和轴向的几何性，是一种大规模的空间性关系；

时空关系：如建筑电讯派（Archigram）的行走城市（Walking City）构想，建筑物的位置可以随时而变化；

关系的素质：如参数化设计的建筑，内里的空间关系可以有着极度的复杂性，这是一种关系的素质。

性质[1]

空间、实体、轮廓面的性质都有下列参数：

几何，包括数学几何、形状、大小、比例、秩序等；

密度，包括界限性（如无尽）、集中性、数量、重量等；

方向，包括具体方向和方向性；

表面素质，包括颜色、质感、受光性（如反光、阴影、发光）、样式、装饰等；

表面塑性（如浮雕饰面、平滑的面）等。

关系

实体的关系、空间的关系、轮廓面的关系、空间与实体之间的关系、轮廓面与实体或空间之间的关系，有下列种类：

时序关系：

（如时间段与墙面阴影的变化）；

空间关系[2]：

拓扑性（隔离/群组性、接近性、封闭性如层围、贯通性、并置性、演替性、连续性、网结性、拼合性等）；

几何性（向心性、平行性、透视性、轴性等）；

数学性（分解性/融合性、代数性、布林性、线性/非线性等）；

相似性（同类性如规律化、重复、比例性递减变化、相同、纯粹/一致等；不同性如等级化、对比、扭曲、竞争性化、夸张、突出、混杂等；对称/颠倒等）；

时空关系：

（如随时间变形的）。

此外，关系的素质有下列参数：

秩序性（如无序）、复杂性（如简单）、纯粹度（如复杂、清晰/暧昧、内外分明）等。

---

[1] 形的"性质"参数，部分参考 Frank Ching, *Form, Space and Order*；

[2] 形的"空间关系"参数，参考 Christian Norberg-Schulz, *Intentions in Architecture* 中关于 Form 的描述。

表演者

"表演者"（Actor）的存在可以是真实的，也可以是观察者虚拟想象或附加的。
此外，观察者自身很多时候亦是真实或代入的表演者，为表演者的多种身份之一。
表演者的赋性于其对事物的感知和反应具有重要的影响。

存在

动画描绘的建筑场景中的美少女、日本神社中的巫女，都是在体验其所在的建筑物，她们是建筑现象内的"表演者"（与产生现象的观察者区分）。一位古时的纯朴巫女与21世纪的职业巫女，对神社的体验乃至后续的感知和反应，必然会不一样。表演者真实的或被赋予的赋性、停留时间的长短以及当时的环境等都会产生不同的体验。

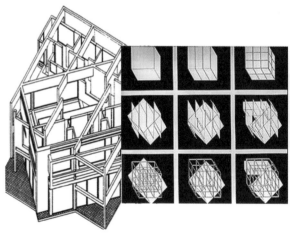

身份

彼得·埃森曼（P. Eisenman）可以代入为其建筑的表演者，描述他可以体验到的建筑形态几何的演变关系，显然其他表演者对这个最终的建筑形态，要达到他的认知反应程度几乎是不可能的。要作一个客观的观察与解读，表演者最好为某时空内较为普性的身份。（注：建筑图解可以是形本身的几何构成、可以是观察者对形的认知方式、也可以是此处所说表演者的推理认知反应。认知和推理认知反应详见后述。）

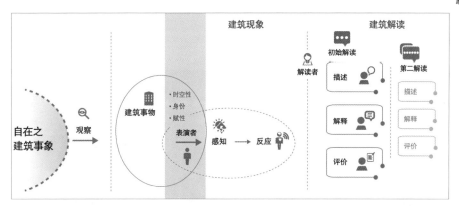

表演者

表演者身体性地体验建筑事物，产生感知和反应，是建筑现象的重要部分。

不同的表演者基于其在建筑事物里的身份、体验的性质和本身的赋性，会有不同的感知和反应。例如，中世纪的虔诚老教徒与当下一个无信仰的年轻临时清洁工，对同一个古教堂空间的体验便很可能不一样。因此，作为建筑现象的特定条件之一，表演者的设定需要明晰。

时空性、身份

建筑事物里的广义使用者和其他工程人员可以是建筑现象的表演者。
表演者可以是古、今、未来的使用者；可以是个人/集体。
表演者可以是观察者个人代入的想象体验者。

真实或假定的表演者，其时空属性、身份和赋性的可能组合如下：

表演者与建筑事物的关系			表演者的身份和赋性	
空间关系	时间关系	时空关系		
本地人	过去的人	经常使用者	项目人员、使用人、环境中人	个人或所属群体的内在特性
外来人	现在的人	偶尔使用者		
国际/平均的人	假定将来的人	非实际使用者		外在和环境的属性
代入者: 观察者/解读者同时是表演者、或假设自己是虚拟的表演者				

赋性

深山佛院的幼僧，长时间在单纯环境里过着简朴的生活，沉静的佛教与佛寺是他们的归属，这是他们的一些赋性（attributes）。幼僧们首次出门在迪士尼看到爱丽丝城堡时，感知上会有很大的冲击。反之，发达国家上层家庭的孩子，游乐、享受、品味等已是他们的生活习惯，同样是首次到爱丽丝城堡，他们会感到开心而不是冲击。

除了个人普性的个性特性和生长环境外，赋性还包括特定的时空因数。例如，对常展的名画和空间，博物馆里的长期守岗员工与初次慕名远道而来的游客，其感知与反应便会有很大的反差。

表演者的赋性影响其感知和反应，同时感知和反应的累积亦会调整其赋性。

表演者的赋性

表演者体验建筑事物所产生的感知和反应，都与其内在和外在的赋性互动地产生作用和影响。赋性包括以下相互影响的方面：

内在的：
推动力或需求[1]：
生理性、安全、爱和归属感、被尊重、自我实现（知性追求、人格、经验、能力、回报等）、自我超越（存在意识等）；

行为能力：
身心条件下进行某些行为的能力；

心理图式（Schema）：
基于个人的经验累积形成的心理模板，促使对体验的事物按此进行认知、组织、排序乃至排斥。针对不同类型的事物或心理作用等，心理图式包括常说的世界观、偏见、成见等；

外在的：
所在的非物性环境：
一般生物生存的环境（如同类）、社会（制度制约）、文化（如教堂所在地的宗教环境）等；

所在的物性环境：
引起感知反应的各种实体、空间、轮廓面，如成长所在的农村或都市的建筑环境；

体验观察的时间因素：
体验事物的时间长短和相互作用下的节奏，是基于表演者在其身份下的体验累积。

---

[1] "个人的需求" 源于 "需求层次理论"（Hierarchy of Needs），最早由 Abraham Maslow 于1943年提出并发展，综合于1954年出版的 *Motivation and Personality* 一书。虽然学界对理论中需求的层次时有争论，但这个理论仍被广泛应用于社会学和心理学。需求的层次中，生理性的最低，自我超越的最高。

感知

作为建筑事物的一部分的表演者，会对其他建筑事物，尤其是建筑物产生反应。在这之前，会有一个"感知"（Perception）的过渡。表演者的赋性左右其感知，而感知和后续的反应，亦推动赋性的形成与发展。

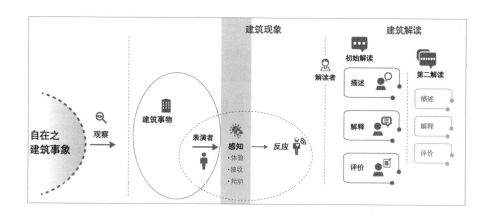

感知

表演者的感知有体验、初步接收、初步起动的过程。这个过程会与表演者内在和外在的赋性互相作用。

体验

表演者对建筑物首先会有感知，而体验模式是产生感知的切入点。

首先是体验的范畴，如大公司的总部建筑里，普通员工能体验到的可能只是一个局部的办公区，而<u>不包括如高管区等</u>，他们对该建筑的感知便会受限。

而主要的体验，取决于行动、经路（experiencing）和背景，如通往音乐厅的大斜坡，在蓝天碧海的背景里且有大量群众时，人们所体验到的是半路径、半广场的开放与热闹，是路过与停留的糅合。

初步接收

对建筑物的体验，在引起意识反应前，会有初步的触发，如五官上刺鼻的味道、身体性的炎热感等。而其中被称作格式塔的完形/完形组织倾向，会是较强的触发，可以由简单几何、对称、韵律等完形，或异常的高度、倾斜、记忆形象等建筑物形态或特性触发产生。这是感知过程的初步接收阶段。

初步起动

于灯光快速闪动的空间里，加上强烈的音乐，视觉和听觉产生初步接收后，反射性地，某些表演者的肢体会有跃动感，而某些表演者则可能产生厌恶感等。这些是在行动、感性或知性方面，于意识反应前的反射作用。这是感知过程的初步起动阶段。

表演者的体验

体验模式取决于表演者的身份属性和环境条件，如办公人员会长时间在建筑物内，但可能只局限在其中的一个部分里。表演者的具体体验有：

行动（如作业、远距观看等）、

经路（experiencing）（移动的起点、次序、路径、全面度等）、

背景（某些建筑事物的状况下，共同体验的人数、时间时段等）。

初步接收

表演者对建筑事物进行体验，触发初步接收，包括：

可能的感官反应：视觉、听觉、嗅觉、味觉或触觉；

可能的感觉数据组织（如格式塔组织倾向、焦点排序等）；

可能的身体部位感觉（如冷/热、刺眼、不适、重压等）。

这些初步接收是相对非意识的。

初步起动

表演者会初步起动于：

行动：

下意识的反射作用（如过渡到异常空间的不适感）、

养成的习惯反应（如看到楼梯会意识到上下移动）；

感性：

基本感觉（如唤起、支配感）、精神性触动（如神秘的、超自然的）；

知性：

从知悉到思维，尝试意识所接收的信息（如对建筑进行用途猜想的分类理解）。

这三类初步起动亦会互相关联、互相作用，是非意识交叉着有意识，产生更有意识的反应行为前的过渡。

"反应"（Reaction）是继接收和起动性的感知后更具体的行为阶段：
人的行为都具有活动性、感性、知性这三种性质，只是比重不同。
建筑现象中的表演者，基于其赋性，体验事物触发感知后，继而会有更具体的行为，可按性质的偏重分为活动性、感性和知性三类"反应"（Reaction）。与感知一样，反应与表演者的赋性亦是互相影响的。

在某时空中，单是赋性本身便可促使一个人进行某些行为，如跑步、思考等。但他所处的环境，包括建筑事象，也可以给予（afford，反面为剥夺）其行为，如体育馆为其避开暴雨使跑步可行、杂乱的室内可能扰乱思考的进行等。于建筑现象中，表演者的行为也是其赋性与建筑事物的给予综合产生的，而事物的影响程度亦取决于他的心理素质等方面的赋性。
不过，建筑现象是共识建筑领域下的一种观察认知，故以下罗列的反应参数，主要是建筑事物给予的行为。解读者要观察的，是在表演者的赋性下，这些给予行为的量与质。

建筑事物触发的反应多有连带性，例如，认知一个象征历史悲剧的建筑符号（知性反应），会触发表演者的哀痛情绪（感性反应），以至于捶打墙壁来进行宣泄（活动性反应）。
此外，对行为的形容，虽然同时覆盖这三类反应，但亦常常以某类反应为主导。例如，形容行为上的自由度，可以基于身体的行动自由（活动性反应）、感知的放松自由（感性反应），或从某符号认知自由（知性反应）。然而对大部分人而言，在共识上的行为自由中，身体的自由是首要的，因此活动性反应是行为自由度的主导反应和归类。
对反应和反应参数的理解，都有连带性和主导性这两个前提。

注：此处按照人类行为的三个共通性质将行为分类，是一个简单且清晰有效的认知；
而以"反应"命名，除了能够反映环境（context）对行为的重要性，更主要是认识到：对自在之事象的观察和对现象的解读，多是在一些随意或专门的共识领域下进行的。

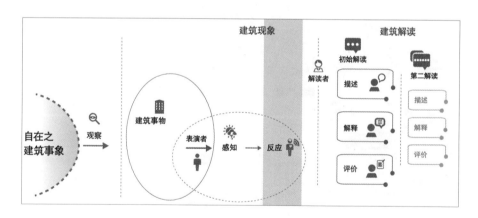

反应

广义的人类行为包含活动性、感性和理性三种互相影响的性质。

建筑现象中的表演者,基于其赋性,体验建筑事物、触发感知而产生的行为,可按性质种类的偏重归纳为活动性、感性和知性三类"反应"。这三类反应是建筑现象中表演者反应的架构。

表演者的反应是建筑事物的给予与表演者赋性互动的结果,而作为领域的架构,这里归纳的反应参数,主要是建筑事物触发或与之关联的部分。例如,阅读是一般性的行为,可以在没有建筑物的自然环境中进行,而在特定的建筑事物如灯光环境中,根据光的强度,表演者可以或不能进行阅读,这个被建筑环境所"给予"或"剥夺"的性质,便归纳于"空间行动的性质"这一参数里。

活动性反应

表演者从类反射性的感知, 继而产生意识性的反应。

其中, "活动性反应" (Activity-oriented Reaction) 是躯体主导的反应, 有以下几类。

空间行动

空间行动有量性面, 例如:

幕墙清洗的作业、

在罗马帝国的南北大路上的通行、

圆形监狱 (Panopticon) 里行动的

高度限制、

在山间大桥上的高速通过等。

空间行动亦有质性面, 例如:

在半夜街巷走路的安全性、

胶囊酒店渡宿的局促性、

巴西库里蒂巴市 (Curitiba) BRT出

行的便捷性、

日本和式空间活动更替的灵活

性等。

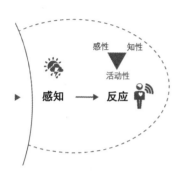

活动性反应

活动性反应是广义的身体内在或肢体外在的反应。建筑现象中，这个反应虽然以活动性为主导，但感性与理性也有不同程度的交叠。按照交叠的有无和程度，活动性反应的主参数可区分为：

以活动性为主的：空间行动、生理反应；
活动性混合感性与知性的：个体领域、社会行为。

以下为各项详细的参数。

空间行动

量性的：
一般行为和作业（如工作、游玩等）；
通行（如路径、畅顺度、经过交点等）；
控制与自由度（如被监控的、被限定的）；
行动转换（如其中的过渡、连接、变化落差）等。

质性的：
生存性（如安全或危险）、舒适度（如拥挤）、适合性（含功效性）、便利性、效率、多样性（含转换的适应性）、互动性（如交换、交流、互相反应）等。

生理反应

一般的生理反应是局部肢体或体感的活动性反应。例如，置身桑拿室的灼热感、公共开放空间里的肢体舒展、斜线体的扭曲透视引发的高度聚焦感等。

参考定向（orientation）是重要的生理反应，如果缺乏对时、空、人的定向，严重的可导致精神错乱。如凯文林奇（K. Lynch）提出的路径、边界、区域、节点和标志的城市认知，便是重要的宏观空间定向。又如走进空无一人的大运动场，与预期人数参考不符时，会导致不安感。

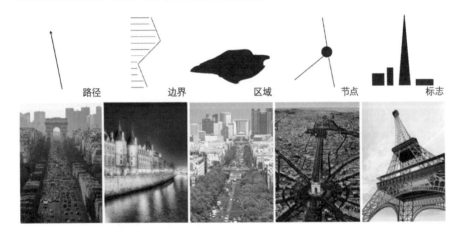

路径   边界   区域   节点   标志

生理反应

一般的:

机能反应(如姿势)、动作(如举手);

身体舒适度如冷暖感(如换热)、呼吸、卫生;

视感聚焦(不同距离事物下的聚焦)等。

参考定向的:

方向认知(中心、前后、左右、上下);

与人体关系的认知(如尺度感、身体穿越的可能);

与人数关系的认知[认知上的预期人数与实际人数的落差(undermanned)];

比例认知(如横向或纵向的);

认知图式[1](主要为城市认知:路径、边界、区域、节点、标志);

归属感(认识度、理解度);

其他认知(如视野范围、定位、时间)等。

---

[1] "生理反应" 的认知图式参数,参考Kevin Lynch, *An Image of the City*。

个体领域

与空间行动和生理反应不同, 个体领域是混合更多感性与知性的活动性反应。

个体领域主要是对自我和相应空间的掌握, 包括:

个体范围内的:

独自性
单人囚室产生强烈的孤独感。

私隐性
透明卫生间挑战私隐的极限。

居上感
站于高台、高层建筑容易引起优越感, 反之亦然。

友善度
偏远地区的博物馆, 室外的宽长楼梯带给人排斥感。

个体范围的扩展:

意识个体近空间的范围
拥挤的电梯空间里, 被陌生人越过个人空间时, 会感到不安、不快。

把握占有领域
围栏、大门和内院, 屋主明确其占有的领域, 满足了自我体现和安全感等需要。

意识防御空间领域
弯曲、起坡、狭窄的街道空间, 加上对地区治安不良、夜晚人群稀少、路灯不足的认知, 严峻挑战着行人对领域的掌控。

扩充个人识别性
为办公空间和其体现的企业文化赋予轻松的氛围, 产生归属感, 促使员工扩充其自我认同。

个体领域[1]

个体性的:
如独自性, 程度有遁隐/孤独/被疏远、外向等,
（如拉开距离的座位布置导致的疏远感）;
私隐性, 程度有私人、半私人、半公众、公众等,
（如透明玻璃墙破坏私隐性）;
居上感/居下感, 如优越、自我实现感、陪众,
（如超高层建筑给予的居上感）;
友善度, 如亲切感、排斥感,
（如建筑大门的封闭性、尺度赋予的友善感）。

个体的扩展:
意识个体近空间的范围 (personal sphere) –
即被陌生者侵越时会产生不快的范围（如常见的电梯空间内的感觉）;

把握占有领域 (territorial space) –
即个人生理或心理上需要掌控的领域,
以满足安全感、识别性、自我体现以及保持对外关系的需要,
可以是近身领域、属性领域（如家里产生的）、
熟悉领域（如所属社区空间的）、
周边性的领域（如临时使用的公共空间的）;

意识防御空间领域 (defensible space) –
即能够认识与掌控空间内的活动,
如可以明晰空间不同私隐度的范围、监控点、安全度等;
这是一个参合背景的赋性, 比如治安的意识
（如街道的光度、通透性等会影响意识防御空间领域的质量）;

扩充个人识别性 (identity extension) –
即自我认同、归属于某些建筑事物, 以扩充个人的识别性,
如同以车辆、时装等作为个人身体的扩展, 来扩充个人识别性
（如知性上的地标建筑会给予其使用者个人识别性的扩充）。

---

[1] "个体领域"反应的参数, 参考 Jon Lang, *Creating Architectural Theory* 中 Activity Patterns and the Built Environment 的述说。

社会行为

与个体领域一样,社会行为也是混合较多感性与知性的活动性反应,包括:

社交的:

社会行为可以是个别性、场景性的社交行为,体现于:

接触度

如隔断的办公空间会减少同事之间的视觉接触,
弱化社交行为;

聚离性、交融度

如罗马的西班牙阶梯,是一个可坐下的、尺度适中、围合的广场,鼓励陌生人的聚合、交融的社交行为。

社会行为[1]

社交的：

接触：
空间行动中，与他人接触的困难度/容易度（如分隔、开放、管控）；
与人视觉接触的机会（如隔断、距离）；
接触的集中度（可能的人数规模）；
聚离：
生理或心理上的聚拢或游离（如围合广场鼓励聚拢）；
交融程度：
亲密、个人距离、社交距离、公众距离（如常见的走廊、电梯大堂的大小影响个人距离）。

---

[1] "社会行为" 反应的参数，参考 Jon Lang, *Creating Architectural Theory* 中 Activity Patterns and the Built Environment 的述说。

组织性的:
社会行为也可以是个体在社会组织中的行为。无论是亲属关系或自由组合的社会组织,其中的行为主要为组织的构筑、成员关系和角色,例如:

震灾后的临时安置,通过集体空间产生一个灾民间的小社会;

没有任何私人房间的全开放办公空间,推动员工的平向关系,亦强化高层人员的技术角色。

欧美家庭的壁炉是厅中焦点,强化家庭成员的聚合活动、家庭的归属感。

组织性的：

基于如作业、生活、社会协作关系的需要，各种社会组织自然产生。建筑现象中的表演者，可以是一个社会组织的集体或成员，在所在建筑事物中有着相应的活动性反应。社会组织中，个人行为会根据外在变化而调整。

社会组织的种类：

亲属关系类社会组织：

即家庭、家族、部落等；

世俗自由组合的社会组织：

社群，按一些共通性组成，如价值观、地域、种族、兴趣等，可以小至街坊、大至世界组织；
正式组织，即规范性的组成，偏作业性，范畴可以是文化、政治、职业、宗教等，如政府、机构。

这些社会组织的活动性反应，有下列参数：
组织的产生，可以是外在设计或自发的
（如社区开放空间唤起自发的区域群体活动）；
时空性，如跨世代的、短暂的、更替的
（如帐篷空间唤起的短暂组织性行为）；
共同导向，即目标性/非目标性、协同性、推动力
（如舞台导向的目标性参与）；
架构关系，可以从严密到模糊
（如开放式办公空间导向的水平性人员关系）；
角色，可以从单一到多重的身份
（如临时项目工作区导向的工作人员附加的临时身份，如组长）；
成员关系，可以是合约性、协作性、机械性、等级化、依赖性
（如受住宅空间布局影响的家庭关系的性质）；
权力，即领袖主导、规范型的等
（如建筑的房间分布与大小所产生的权力机构人员的等级分布）。

感性反应

区别于活动性反应的躯体主导,"感性反应"(Affective Reaction)是心理主导的反应,有下列几类。

感官性反应

这是听觉、嗅觉、味觉、触觉的感知或生理反应的意识延续,产生快感/不快感(视觉的见后述)。例如,墙面浮雕引起的起伏触动、管状空间的迷乱回音导致的不快感、塑料空间高温下的恶心气味导致的不快。

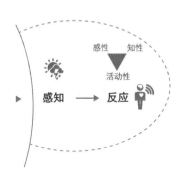

感性反应

感性行为是广义的、不在身体特定部位的心理反应。建筑现象中，感性反应的主参数包括
感官性、感知性、情感性、心灵性、美感。

以下为各项详细的参数：

感官性反应

仅从视觉以外的听觉、嗅觉、味觉或触觉等个别感官各自起动的快感/不快感。唤起的感觉
可以不同于所有感官全面体验下的感觉。感官性的感性反应与感知阶段紧密关联。
例如，盲人以回音感知空间维度，触发从听觉产生的感觉。

感知性反应

这是从视觉延续的组织性感知,触发对应的感性反应。视觉组织反应是建筑和其他视觉艺术领域中特有的反应。一些对应:

感知上纯粹的单块与恰当的体块错位,唤起愉快感;
而感知上掺杂的单块与错乱的体块关系,则唤起不快感。

感知上复杂的起伏与多个焦点的动态空间,唤起有趣感;
而感知上简单重复的排列,则唤起单调感。

感知上飘逸的帷幕与和谐的照明及景观,唤起放松感;
而感知上沉重的路桥与无序的布局,则唤起紧张感。

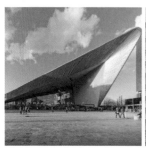

感知上冲击性的折线天际线与强烈的光影构成,唤起活力和起动感;
而感知上平淡的外立面与薄弱的光影对比,则唤起慵懒和呆板的感觉。

感知性反应

从视觉组织唤起的感觉，即建筑形态触发组织性感知，继而引起的感性反应。下列为一些组织性感知的细化参数与感觉的对应[1]：

唤起愉快感（反面为不快感）的组织性感知参数：
恰当性（反面为别扭），如格式塔形态触发的恰当感；
纯粹度（反面为掺杂度），如单纯的石柱廊空间触发的纯粹感；
明晰度（反面为粗糙度），如线条、雕面的石墙触发的明晰感。

唤起有趣感（反面为单调感）的组织性感知参数：
复杂（反面为简单的），如非线性游园布局触发一定的复杂感；
吸引注意力和探求性（反面为被忽略的），如明显的开洞触发焦点注意。

唤起放松感（反面为紧张感）的组织性感知参数：
秩序性的，清晰、和谐的（反面为无序的，如异、乱），如规矩的柱网空间触发的秩序感；
地重力参照（反面为无参照），如垂直的形态呼应自身的地重力感；
平稳或熟悉的（反面为不稳或陌生的），如认识的符号触发的熟识感。

唤起活力、起动感（反面为慵懒、呆板感）的组织性感知参数：
强有力的（反面为薄弱的），如形态的强烈阴影触发的起动感；
视觉刺激或冲击（反面为平淡的），如极端高度触发的冲击感。

这些对应的正负面走向，亦可能因视觉组织性的程度偏离而发生改变。例如，一般的复杂会带来有趣感，但感知上复杂过度时，有趣感便会减退。

---

[1] 视觉上组织性的唤起，强调对对象整体的视觉反应，源于1890年萌芽的格式塔理论（Gestalt theory）。格式塔这个常被批评为理论先于数据的心理学体系，近年已有很多量化分析，亦逐渐被融入主流的视觉感知反应研究内（*An Overview of Quantitative Approaches in Gestalt Perception* 刊于 *Vision Research* 2016.10, by Frank Jäkel, Manish Singh, Felix A. Wichmann, Michael H. Herzog）。

情感性反应

人的情感非常多样和细致，以致分类和词汇虽很多样仍显不足。较有共识的是保罗·艾克曼（P. Ekman）提出的6种基本情感；而常见的情感分类，有基本情感组合［如普拉切克（R. Plutchik）的"情感轮"］或特性坐标定位（如多维尺度分析MDS）等框架。针对建筑现象，以下将情感性反应分为基本情感、关联情感和组合情感3种类别。

此外，有别于感官性和感知性反应，情感性反应的幅度与个人赋性的关系较大。（以下例子基于表演者中庸的赋性）

基本情感：

跨越种族等背景，共通的基本情感，包括：

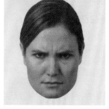
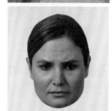

如艳丽色彩的景观装置触发的"喜"；

如刀割般崩溃的实体触发的"怒"；

如写满阵亡军人名字的纪念墙触发的"哀"；

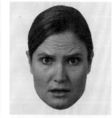

如像抹布的建筑物触发的"惊"；

如类似异形生物的造型触发的"惧"；

如类似双蛇纠缠的高层建筑触发的"厌"。

情感性反应

所有人共通的基本情感为：喜、怒、哀、惊、恐、厌。[1]

触发时，这些情感是纯粹的、先于知性感知的即时情感反应。

然而对同一个建筑事物，不同表演者的基本情感会有差异，这与各表演者个人的赋性（心理图式、行为能力、背景环境等）有关。

---

[1] 所有人共通的六种基本情感（emotion），是保罗·艾克曼通过对面部表情的研究而提出的。

关联情感:

与活动性、知性反应关联的情感。例如：

开阔的城市公园，能进行奔跑、游乐、坐卧等活动于其中，触发"愉快感"；

简单的轮廓、高大的尺度，重复中构成强烈的韵律，令人联想到军事权威，触发"唤起感"；

幽暗长廊、层层门禁、单室分隔，活动受到严密控制，触发"支配感"。

组合情感:

以愉快-不愉快、唤起-抑制为两条正交轴，归纳出4大组常有情感：

愉快+唤起的"快乐、兴奋、醒觉"，如绿茵上开放的艳红亭子，加上冲天的斜墙，触发兴奋感；

愉快+抑制的"平静、放松、满足"，如日式书院的借景，辅以从室内延展的宽阔缘侧，触发平静感；

不愉快+唤起的"紧张、不安、心烦"，如立面上不规则布置的方块体，塌垂的感知，触发不安感；

不愉快+抑制的"低落、疲乏、沉闷"，如齐高、等距平排的板式集合住宅布局，触发沉闷感。

而与活动性、知性反应关联的情感主要为：愉快、唤起，支配性。
（如开放空间鼓励活动和扩宽视野，从而产生愉快感；
如强烈的颜色产生感官刺激、联想危险的认知，从而触发唤起感；
如圆形布局的监狱赋予中心监控点，从而产生强烈的支配感）。
其中，支配性是自身对活动反应的自由度的感觉，而愉快与唤起则可以组合出一些主要的
情感[1]：

"愉快+唤起"的如快乐、兴奋、醒觉；
"愉快+抑制"的如平静、放松、满足；
"不愉快+唤起"的如紧张、不安、心烦；
"不愉快+抑制"的如低落、疲乏、沉闷。

情感的多样化超越文字语言的表达，建筑现象触发表演者的情感反应，同时也是一种情感
表达的媒介。

[1] 心理学家们通过Multidimensional Scaling (MDS)的分析方法，以核心情感（core affect）的愉快（pleasure）、
唤起（arousal）为X、Y轴性，将不同情感分置坐标里。此处，引用核心情感的组合，归纳一些主要情感。

心灵性反应

这是广义的知性（意识、判断、思考、记忆）作用下的心理反应。与情感性反应一样，心灵性反应的幅度与个人赋性的关系较大。按关联的知性类别，可分几类：（以下例子按表演者中庸的赋性）

精神性的：

"意识"上的极致或退失，导致感觉与感知脱离的状态。

静谧的军人墓园的十字架阵，使观者对死亡的认知达到极致，触发归零的精神状态；

反之，日本繁华街道细碎密集的霓虹灯，模糊意识，触发错乱的眩晕状态。

心性的：

基于赋性里的伦理"判断"，触发人性面的感觉。

以朴素材料、低小尺度构成的屋宇，吻合自然谦虚的价值观，触发人性化的善良感；

矗立的双子塔，符合美国富裕强大的自我识别，触发国民的骄傲感。

共感性的：

"思考"与自我的对照，触发同理心的感觉。

无形但强劲的光束，取代被夺走的双子塔，对照全美国的失落与团结，触发国民的同感；

饱经风霜的罗马斗兽场遗迹，对照曾经的辉煌，触发沧桑感。

开拓性的：

与"记忆"里的体验比较，感知到大幅度创新时被打动的感觉。

弗兰克·盖里类鱼块拼合建筑的出现，触发"这是超乎想象"的反应；

勒·柯布西耶现代建筑的出现，于当时展示出一种前所未见的纯粹飘逸，触发"这是完美"的反应。

心灵性反应

精神性的:
广义的精神性是感觉与身体感知脱离的状态,不等于宗教性,也不一定是静态的。可以是对应的感官性、感知性或情感性感觉的极致状态导致的,如极端的静谧、愉快、纯粹、兴奋。建筑现象中的精神性感觉,可以与知性反应的符号识别关联产生。归为二类:

归零的精神性,如超脱、浪漫、令人深思、神秘、灵性等;
错乱的精神性,如眩晕、幻象、梦境般、不可解等。

(例如,极简的空间排除联想认知、只有纯粹情感导致的超脱感;
又如,繁杂的符号引起过量联想导致的眩晕感)

心性的:
建筑现象中,关联活动性与知性反应的心性感觉,是深受表演者伦理赋性影响的反应:
如诚实、真实、人性化(反面为冷漠的)、善意、权威、骄傲、缅怀等。
(例如知悉木柱是混凝土与漆面的仿造,从而导致不诚实的感觉)。

共感性的:
在与自我身体、所处环境赋性的对照下,表演者对建筑事物产生的感性反应,可以是:
同感,即有代入性认同的共感;
同情,即没有认同或没有完全认同的共感。
(例如,吻合自身文化识别符号所产生的同感;
又如,由废墟联想到破坏所产生的同情)

开拓性的:
建筑现象中,在关联的知性认知下,表演者对照自身的见识,基于泛人性的开拓意识所产生的心性感觉。如:
富有想象的/刻板的;
创造性的/凑合性的;
惊异的/预想的;
直觉的/逻辑的;
综合性的/分析性的;
完美或完整的/粗糙的等。
(例如,与自身赋性比较下显得非常陌生的建筑形态,会引起惊异感)

美感

如同喜怒哀乐的情感,美感是感性反应的一种。美感由极度"极致"的感性反应升华而来,有感官性、感知性、心灵性3种主导。美感亦受个别赋性影响,但其他情感的赋性差异主要在于幅度,而美感则常是极端的美与不美。(因此对美感判断的争论较突出,也源于其在视觉艺术领域的重要性)

感官的快适:

通过照明强调,光洁平滑的博物馆、雕凿丰富的哥特式教堂,其各自的触感皆达到极致,触发感官快适的美感。

感知的唤起:

通过倒影强调,韵律动感的歌剧院、轮廓纯粹的教堂山,其视觉组织皆达到极致,触发感知愉快的美感。

心灵的触动:在玻璃墙全开时,教堂的横向空间最大化地展开,与十字架和大自然融为一体,产生极致归零的精神性;通过穹顶和高窗射入的日光,教徒对天国的同感达到极致。二者皆为心灵触动的美感。

美感

建筑现象中，美感反应可以由某些感官性、感知性或心灵性感觉的极致状态导致。这些状态是：

感官的快适（如极度光洁顺滑的触感）；
感知的唤起（如视觉组织的恰当感引起的）；
心灵的触动（如精神的超脱、心性的善意、开拓的创造等方面的）。

美感的反应与表演者的赋性关系密切，但也有超越赋性差异的。
（例如，符号能否产生心灵性的同感便与文化的赋性密切相关；
而格式塔形态引起的感知愉悦感则具有一定的普遍性）。

知性反应

区别于活动性反应的躯体主导、感性反应的心理主导，"知性反应"（Cognitive Reaction）是认知主导。
对建筑事物的知性反应，从浅到深为认识、符号认知、推理与抽象认知、解读。

认识

基于表演者赋性中的建筑知识量（体验经历、对形态的理解力等），对建筑事物的认识度可能差别很大。反之，突出的建筑事物包括推广，则可以强化群众的建筑知识的建立。
认识有几个层次：

浅表的认识：
对建筑物能留住记忆的整体印象。要记住一个博物馆是全红色很容易，而清楚记住悉尼歌剧院的帆群轮廓则需要对造型更敏锐。

领域的认识：
一般城市群众都能指出某个外墙是玻璃幕墙，这是对建筑领域的常识性认识；而能知道和记住一个建筑物的建筑师，就不那么容易了。

初阶联想：
参观苏州博物馆，很容易联想到当地白墙灰瓦的传统民居，这是对建筑物的初阶联想。当然，对两者细部和作法的比较，需要较专门的建筑知识，就不是简单的"认识"反应了。

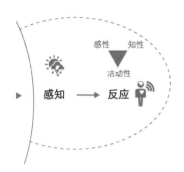

知性反应

知性反应的基础是认知，即接收、组织和储存信息。

建筑现象中，表演者知性反应的主参数包括认识、符号认知、推理与抽象认知、解读。其中解读只是现象内表演者的解读行为，通常设定为较随意的解读，以区分于现象外解读者的解读。

以下为各项细致的参数：

认识

表演者将建筑事物的表象与他的记忆事物作关联，是对建筑事物初步的知性反应。这些认识与表演者的赋性关系密切。

浅表的认识：

可以是绝对的建筑形态的整体识别，产生笼统的从具象到抽象的印象；或是掌握建筑形态中能留在记忆中的辨认等。

（例如，建筑形态整体是一个方盒子的印象；或形态中有很多关于颜色的记忆）

领域的认识：

建筑元素的词汇式认识（如指出门窗、挑梁、建筑高度等）；

以建筑元素的常用解释进行认知（如罗马柱、中式屏风等）；

对建筑物以外的相关建筑事物的认识（如建筑帅、造价、建筑动画）等。

初阶联想：

将建筑形态作零散的联想或比较，如识别模仿或抄袭，或类比其他领域的现象（如绘画、音乐、舞蹈等）；

将建筑形态与大众记忆作比较，判断或感觉为熟悉、怀旧等。

（如仿古的样式形态所引起的大众记忆和联想）

符号认知

对建筑事物的联想可以是零碎的，如上述的领域认识和初阶联想，
而主要基于表演者的某些赋性（社会约定俗成的认知对应），同时又以以下惯性构成的联想，就是符号认知。

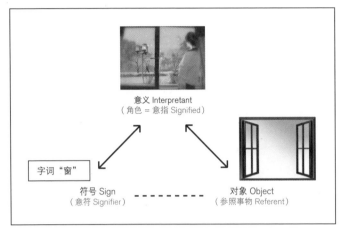

三角构成
例："窗"的符号认知

意义 Interpretant
（角色＝意指 Signified）

字词 "窗"

符号 Sign
（意符 Signifier）

对象 Object
（参照事物 Referent）

三角构成：

这个惯性构成的普遍共识是：对象（参照事物）–符号（意符）–意义（意指）三个元素互相对应的三角关系。

对应与认知：

对应关系上，关键是对象、符号和意义各自的某些要素，而不是它们各自的整体。
因此，同一个事物中不同要素的对应，会产生不同的符号认知。
例如，对于"有玻璃的开洞"这个事物，基于"有玻璃的开洞"的"半封闭开口"要素、"窗"字形的"字词作用"要素、"往外看行为"的"框视举动"要素，构成一个特定的"对象-符号-意义"的三角关系，于当事人产生"窗"这个符号认知；
而基于"有玻璃的开洞"的其他要素如"开洞的木框"，则会构成另一个特定的三角关系，于当事人产生另一个符号认知，如"木窗"。

符码与认知的可能：

如后述解读中的内容解释，是将建筑现象对解其他领域，解读为现象的内容，成立的内容经推广并受大众认同后，可以成为公众赋性——其中支持符号认知的，是一种符码（code）。没有符码，当事人是不能作出符号认知的。

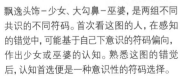

飘逸头饰–少女、大勾鼻–巫婆，是两组不同
共识的不同符码。首次看此图的人，在感知
的错觉中，可能基于自己下意识的符码偏向，
作出少女或巫婆的认知。熟悉这图的错觉
后，认知首选便是一种意识性的符码选择。

不认识中国苏浙传统建筑的符码，便不能对这个会展中心的
白墙灰瓦作出基本的符号认知。

符号认知[1]

任何事与物,都可以触发正常人的自由联想。

部分联想有以下惯性的构成或过程,形成"符号认知"(Semiosis):

构成:

一个"符号",对应某种"对象"

[如基于字词作用这一要素的"窗"字形(符号),对应基丁半封闭丌口这 要素的"有玻璃的开洞"实物(对象)];

这个"符号",对应某种"意义"

[如基于字词作用这一要素的"窗"字形(符号),对应基于框视举动这一要素的"能往外看"行为(意义)];

按这个"意义",想象这个"对象"

(如按框视举动这一要素的"能往外看"行为,想象基于半封闭开口这一要素的"有玻璃的开洞"实物)。

对象-符号-意义的三角关系,是泛符号认知较为共识的基础,适用于语言、日常行为、建筑体验……

其中,对象和符号可以是任何事与物;

意义是对对象、符号、对象与符号的关系、乃至当事人反应等的理解。

从所起的作用来说,对象、符号、意义分别担当参照事物、意符、意指的角色。

认知过程:

对象和符号的对应不一定有必然的关系,

(如"window"一词与"有玻璃的开洞"这个事物之间便只是一个随意的约定关系)。

正如感知和其他反应一样,符号认知也取决于当事人的赋性,

包括从社会生活中认知的约定俗成(含大众已认同和习惯的解释内容),

其中与符号认知相关的约定俗成统称"符码"(code)。

建筑的符号认知:

泛符号认知使人产生有意思的沟通,是重要的知性反应。

建筑现象中,当事人是表演者;

对象可以是泛建筑物、仼何事物;

符号可以是包括建筑物和名称的建筑事物,但一般以包括各范畴的泛建筑物为主;

意义以对象和符号引发的建筑以外的联想为主。

---

[1] 符号认知的构成,综合了索绪尔(Ferdinand de Saussure)提出的意符 - 意指二元关系、皮尔斯(Charles Sanders Peirce)提出的对象 - 符号 - 意义的三元关系、奥格登(Charles Kay Ogden)和理查兹(Ivor Armstrong Richards)发展的"符号三角"(Triangle of Reference)。

类别	意符要素	与意指或参照事物的对应
Index	实在性	作用性，如使用功能
Icon	构成性	相像性，如形态相似
Symbol	语义性	约定俗成的，如事物观念

Sign（符号）的类别：
符号认知3个元素中的符号（角色上的意符），基于与意义（意指）或对象（参照事物）对应的性质，可以按性质的偏重分为3类，亦可视为"符号"的3个类别。

Index（指示符号）：
"当然性"对应所产生的符号。
例如，桥以其作用性对应渡过分隔的对象以及连接联系的意义，而威尼斯的里亚托桥（Rialto Bridge）上设有永久商店，便超越了这个 index 的认知；
楼梯对应上下步移的对象以及功能元素的意义，而大尺度的螺旋梯如同延续的中庭，则调整了这个 index 中功能的素质；
大烟囱对应排散废气的对象以及工业生产的意义，而伦敦停用后的 Battersea 发电厂和4根烟囱，已是城市一角的地标，是 index 被萎缩的例子。

Icon（像似符号）：
"相似性"对应所产生的符号。
例如，毕尔巴鄂古根海姆美术馆，查尔斯·詹克斯（C. Jencks）曾尝试类比不同的对象形态，这是建立 icon 的操作方式，但似乎没有其他人联想到这些对象——可见 icon 的成立与否，公众认同是关键。此外，按相似度的深浅，皮尔斯亦提出 icon 可依次分为 image（影像）、diagram（图解）、metaphor（隐喻）。

Symbol（规约符号）：
"随意性"对应所产生的符号。
例如，白宫作为美国的 symbol 之一，是出于约定俗成的意指，它跟美国的表象没有任何相似性关系。然而，它却有着最高权威的使用者——可见 symbol 中对应的随意性只是相对于 index 的作用性和 icon 的相像性而言。

符号的类别[1]：

对象与符号的对应、符号与意义的对应，都有着三种性质：指示性、像似性、规约性。

这些对应多有超过一个的性质，只是比重不同。

建筑现象中，一般的符号与对象或意义的对应，按这三种性质的偏重可分为三类：

Index（指示符号）：

以作用性为对应原则，两者间有当然的物性或推断性关系，比如功能性

［如"门扇"这一事物（符号）对应"落地开口的开闭"实物（对象）、"可进出亦能控制安全"（意义）］；

Icon（像似符号）：

以相像性为对应原则，两者间官感上有某些相似，比如形态上的

［如"悉尼歌剧院"这一事物（符号）对应"帆群"（对象）］；

Symbol（规约符号）：

以约定俗成为对应原则，两者间是一种任意的关系，比如观念上的

［如"白宫"这一事物（符号）对应"美国"（对象）、"世界政军权威"（意义）］。

---

[1] 符号的3个类别，是由皮尔斯提出的。建筑的符号认知，参考：Geoffrey Broadbent, Richard Bunt, Charles Jencks, *Signs, Symbols and Architecture*；Charles Jencks, *The Language of Post-modern Architecture*。

推理、抽象认知

建筑事物,可能会触发表演者尝试理解、记忆或沟通,这需要通过一些简化、抽象的认知,例如图像的辅助。

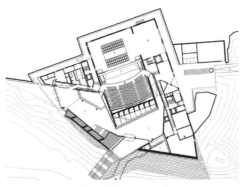

通过图纸的整体认识:
查看平面或效果图,关键是抽象地缩小实物后,眼前就可以掌握如整层布局、设备系统、整体外形等。

理解形态特点:
例如,对福建土楼,表演者会乐于指出方方圆圆的形状和关系。

探索形态的形成:
如彼得·埃森曼或参数化设计的复杂形态,会触发探索,极端的还会使用"图解"还原生成过程。
又如非规则的体态,则可能触发对建筑师第一草图手稿的兴趣。

推理、抽象认知

表演者通过抽象认知，尝试推解建筑形态的整体、形成等方面。这样的推解可视作对建筑形态的一种随意的描述解读。例如：

认识建筑物的图像表现：

如平面、立面、剖面、三维图等

（如作为表演者的购房者从看房体验中整理出一个户型图的印象）；

寻找建筑形态的特点：

如形态参数之间的空间关系、几何、构成等

（如表演者认知多个房间的串连特性）；

寻找建筑形态的形成法则：

如达到最终造型所经过的几何演变、变形的操作，从草图开始的过程等

（简单的，如表演者发现某一造型是"从方盒截掉4个角所形成的"；进阶的，如复杂的建筑图解）。

随意解读

表演者对建筑事物也会作解读，或许并不严谨或全面，但也是知性反应之一。（严谨深究的解读，归纳为专门的解读行为，见"解读建筑"/*解读者*章节）

例如，纽约世贸中心的重建规划所触发的解读。

随意描述：
美国民众迅速指出其外在特性——多个斜尖的屋面、露出70英尺深的原双子塔基础墙、最高栋的自由塔为1776英尺高⋯⋯

随意解释：
受害者家属找出这些特性的对解，视为其含义，如尖顶与露出的基础墙体现9/11的伤痛，1776是不忘独立宣言的立国价值观⋯⋯

随意评价：
这样的地段、规模和背景下的重建，争论必不能避免。见诸媒体报道，对这一获胜方案，民众有着各种好与坏的评价，甚至有否定重建本身的。

随意解读

表演者对所处的建筑现象进行解读。拥有一般赋性的表演者，其随意解读包括：

随意描述：

分析建筑形态的特点、分辨建筑参数的性质和关系；

了解建筑现象内的活动性、感性、其他知性的反应。

随意解释：

将建筑形态或建筑事物分类、归类；

通过对解建筑以外领域的现象等，寻找建筑现象的含义。

随意评价：

评价建筑的素质、新意、突破等；

以表演者的价值观考虑建筑的好坏、喜好感；

判断表演者所在环境的集体偏向如建筑的品味、潮流、风格等。

表演者可能会通过一些媒介和方式来表达、分享其解读。

勒·柯布西耶在1911年的东方之旅中，对雅典帕特农神庙（Parthenon）进行了多日的实地考察，并于后来作了详细的记述，部分摘录[1]：

"帕特农，
人们在卫城上造了些庙宇，它们出自一个统一的思想，把荒芜的景色收拢在它们周围并把它们组织到构图里去……
情感来自意图的一致。来自坚定不移地把大理石凿得更简洁、更清晰、更经济的决心……"
他指出了帕特农的一个地脉上的特性、一个材料工艺的表现和带出的情感。

"帕特农，
朴素的起伏，陶立克的性格……
这是激动人心的机器，我们进入了力学的必然性里……"
他介绍了帕特农比较归类的性格，并以机器为内容比喻它。

"帕特农，
连一毫米的细枝末节都起作用。有许多线脚，根据力的情况分级……
形式已经摆脱了自然的样子，这就大大优于埃及和哥特艺术……人类还有什么作品曾经达到这样的程度？……
两千年来，凡是看到帕特农的人，都感觉到那儿有过一个建筑学的决定性的时刻……"
他指出了帕特农施工的素质、形式上的创新突破以及对于所有体验者的受欢迎性。
……
这3段记述摘录，分别是对建筑现象
作出对于特性或一些表现的描述、
作出建筑域内比较归类或域外内容联系的解释、
作出对素质、创新性或受欢迎性的评价，
是建筑解读的3个操作与结果，构成解读的框架。

而像勒·柯布西耶般将其记述归入图文并茂的《走向新建筑》一书，则是一种解读的表达方式。
至于其全文中夹杂的诗意感性赞叹与客观的论述，则交织着随意与专门解读者的身份。
上述的摘录等，则是对勒·柯布西耶的解读的第二解读。

注：将解读操作解析为描述、解释、评价3个操作，除了更容易作出有效率、有效的解读外，更会发现解读的误解有时候就是因为不同操作的错配产生的；此外，这亦有助于对不同解读的梳理学习。见后述"解读的问题"和"筑建的延伸"章节。

[1] 勒·柯布西耶, *Vers une Architecture*, 中译：陈志华

对现象作出解读的, 就是解读者。解读者有随意的和专门的两大类别。
解读建筑现象之前, 解读者会先选题, 认定要解读的建筑现象和范围。
解读前, 解读者会设定一些认知的方法, 以了解和传达现象的内容。

解读包含描述、解释和评价三个操作, 产生对应的结果, 最后解读者通过一些方式将解读
的结果表达出来。解读结果更可以被再解读。
(以下的论述中, 描述解读、解释解读、评价解读分别简称为描述、解释、评价, 按情况代表
各个操作或结果)

建筑解读的可靠性, 基于:
描述的外在有效性(通过科学方法或近科学方法的验证)、
解释的内在有效性(通过类比或结构相似性的辨证)、
评价的外在与内在有效性。

清晰准确的解读, 除要事先明晰对自在之事象进行观察的条件外, 亦要设定表演者的身
份。专门的建筑解读, 通常会把一定时空中表演者的赋性平均化和一般化, 真实地或推想
地观察其感知和反应。

建筑的解读, 可以是随意的或专门的。专门的解读者对建筑领域有更广度和深度的知识,
理应以严谨的方法, 作出更广泛、更清晰准确的解读。

此外, 建筑现象内表演者的知性反应中, 也有解读行为。根据表演者的能力, 这个解读可以
是随意的或专门的, 但这个行为应区别于现象外解读者的解读。专门的解读者, 通常会将现
象内解读行为设定为随意的。

解读者

正如对其他现象会表达看法、意见、论述一样，人们对建筑亦不例外，这些都是以"解读者"（Reader）身份所作的解读行为。

建筑解读可以只是批评卫生间空间太小或宏观地赞赏城市交通方便乃至深入探讨建筑的意义等。其关键在于解读者态度的严谨性、认知方法的深浅、建筑知识的广泛度，从这些方面的极向，解读和解读者同样可区分为随意的或是专门的两大类别。解读时，解读者会意识或非意识地选择其解读的对象、认知的方法。

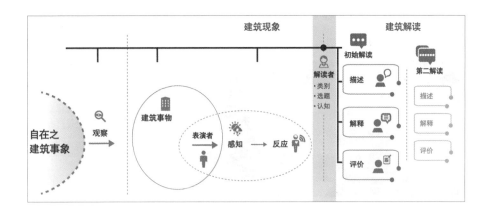

解读者

亲身体验于建筑事象之中的表演者,会对建筑事物作出解读,这是其知性反应的一种,他仍是表演者。

通过观察这个建筑事象,会于观察者处产生建筑现象,当观察者对建筑现象作出解读,观察者便成为一个"解读者"。

解读者可以同时是表演者,但需要在表达解读时加以说明;其中的感知反应是他个人的。

随意的和专门的两大类别的解读者,其区别不只在于态度,更在于认知方法、建筑知识的广泛度。

解读者的选题,是从建筑现象的范围开始,可以是一个建筑构件如窗户,到一个时代的建筑风格不等。解读操作的选择越清晰,解读的结果与表达亦会更清晰。

解读者的认知方法,除了一般的(如尺寸单位)、专门的(如行为心理学)、特别的(如自定的抽象图解系统),还有解释性的(如"传统中式窗花"等共识的认知用语)。

解读取决于解读者,从由态度产生的类别、选题、认知方法的不同开始。

解读者的类别

随意的解读不代表解读无效，反之亦然，解读的有效性只取决于解读操作的有效性（见本章*描述、解释、评价*的论述）。

相比随意解读者，专门解读者有更多更深入的认知方式、更广泛的建筑知识层面、更严谨的论证，反映在解读的成果上，专门的解读有较高的效率。一些专门的建筑解读者，可以产生导向性的影响，例如：

在建筑学习范畴，尤其在学生设计评审中，老师的专门解读可以影响学生的发展；例如，只以创新评价为评审标准，是鼓励学生的个性创作；若以老师或他人的喜好评价为评审标准，则是打击学生的探索。

在泛建筑界和社会范畴，与一些人文学领域一样，著名评论家的专门评论，极致是产生领域权威的"准则"（canon）。准则左右着建筑师、评论家和公众对建筑的态度，乃至建筑的发展方向。代表性的建筑准则，如菲利普·约翰逊（P. Johnson）和亨利·鲁塞尔·希区柯克（H-R Hitchcock）于1932年命名的"国际样式"（International Style），简要指出当时萌芽中的现代建筑的普性特点（表现容量而不是实体；强调规律性而不是外在对称；采用简练的材料、完美的技术和纤细的比例取代装饰物）。从"二战"后世界城市的重建或发展的结果，可以看到这个准则影响着20世纪现代建筑几十年的发展。又如查尔斯·詹克斯概括于1977年的"后现代建筑"（Post-Modern Architecture）、2005年的"偶像建筑"（Iconic Building），也有一定的准则性效果。

解读者的类别

解读者的两个偏向性大类别：

随意解读者

无论是建筑现象中的表演者或外在于现象的解读者，都有可能作出非深究的随意解读行为，他们是随意解读者。随意是指偏重本能的感想、受其他人意见左右的见解等。但大众随意解读者在随意行为中，亦会不知不觉形成一些共识，成为一些共识的建筑"心理图式"如建筑符码。

专门解读者

建筑解读的专门操作，需要一定深度和广度的技术知识（如结构的原理、材料的种类）、专业知识（如规范原则）、科学知识（如行为心理原理）、风格知识（如建筑历史、流派、人物）等，否则便不易作出深究、严谨的解读。此外，专门解读者需要有结构性的分析和调合能力，才能作出相对更具有效性和统一性的、整体的客观性的解读。这些亦是判断解读是否专门的准则。专门解读，经过长时间和集合的累积，更可以形成如建筑创新评价的共识。此外，作为专门解读者的建筑评论家，常会对随意解读者产生导向性的影响。

选题

解读建筑现象,从选择建筑物的范畴开始,范畴可以是实物的范围或建筑的组别。

实物范围:
例如,选择解读某会所的图书室室内、整栋美术馆、一个意大利老城区等。

建筑组别:
选择解读他人归类的建筑组别,但这不代表解读者认同这个组别的内容,更多只作为起点。解读者自己也可以初步归纳建筑组别来进行解读,而开始时一般不会是完整或清晰的解读(这个归纳可看作一个随意解读)。

如选择日本传统风格建筑, 如选择偶像建筑,这是一 如选择伟大的建筑,这是一个突破性建筑的
这是一个事物性的组别; 个同特性的组别; 组别。

选题

观察建筑领域的自在之事象，即产生建筑现象。

观察可以是解读者直接的发现和观察、或沿用已有的观察记录、或推想；

现象中的事物范畴可以是部分、一个或多个建筑物或建筑群。

从直接和随意的解读、到已有的专门解读记录，都可以发现各种建筑现象类别和这些类别涵盖的现象的例子。

这些前提下，解读者要解读的建筑现象，其事物范畴可以从仅有一部分建筑物、一个组别的建筑物，扩展到更大的范围，例如：

——个例，即部分、一个或一群建筑物；

——事物性的组别，如"中世纪建筑"、"西班牙建筑"、"木建筑"等；

——同特性的组别，如"向心性几何性的建筑"、"符号性强的建筑"等；

——内容性的组别，如"禅学的建筑"、"理性的建筑"等；

——突破性的组别，如"最伟大的建筑"等；

——喜好性的组别，如"最受近代中国人喜爱的建筑"等；

——不同组别的混合、松散的组别、无组别的组群等；

——整个"建筑领域"的。

其中，从已有解读而来的"组别"，解读者可以扩展已有的建筑物范畴。解读者可以选择整个组别的全面解读，也可以按组别的特性，作初步全面解读后筛选出详细解读的对象建筑物或范围。这些都是选题的起点，不等于解读者认同组别的成立、或组别涵盖的已有例子的归类。

若以整个建筑领域的范畴作为对象，则是作瞰视性或从建筑第一原则开始的解读。

除了仅有个别建筑物范畴的情况，解读者对建筑现象的选择，尤其是在随意解读的情况下，开始时不一定是完整、清晰、有意识的。专门解读者的选择会随解读操作变得清晰。

进入解读后，解读者会有意识或非意识地再选择建筑现象中的一些参数、选择解读的一些操作作为解读范围。

此外，解读者选择某些建筑对象和解读操作的"理由"，原则上是一个"第二解读"。

认知

观察自在之建筑事象,可以通过眼看、阅读图纸或文字乃至虚拟观视等方式、工具或媒介,结果是产生建筑现象。

解读是针对建筑现象的操作,第一步是对现象的认知。前章"建筑现象"中现象架构和参数的列出,是对现象的先验认知。对现象进一步的认知,是对这些参数和其量化、对解、比较的深入或细化的认知,需要使用一些工具,部分(如图纸、言语)可能与观察工具相同。

认知看起来像是观察的延续(例如,对古建筑的测绘可以视为观察或现象认知),但观察者的"观察-产生建筑现象"、与解读者的"认知现象-进而解读",是两个不同的操作;

另外,对现象的认知是解读者的操作,不同于表演者对建筑事物的知性反应。例如,解读者认知一个异型开口的作用是门,但表演者基于其成见可能不认为这是一个门——这个区别对于一些建筑探索而言很重要,如彼得·埃森曼的纸板屋建筑便是要去掉建筑符号的心理图式。

归根结底是要区分现象与解读;区分解读者、观察者、被观察的表演者,哪怕他们可能是同一人。

 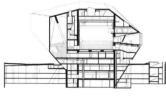 

From the architect. The past thirty years have seen frantic attempts by architects to escape the domination of the "shoe-box" concert hall. Rather than struggle with the inescapable acoustic superiority of this traditional shape, the Casa da Musica attempts to reinvigorate the traditional concert hall in another way: by redefining the relationship between the hallowed interior and the general public outside. The Casa da Musica, the new home of the National Orchestra of Porto, stands on a new public square in the historic Rotunda da Boavista. It has a distinctive faceted form, made of white concrete, which remains solid and believable in an age of too many icons. Inside, the elevated 1,300-seat (shoe box-shaped) Grand Auditorium has corrugated glass facades at either end that open the hall to the city and offer Porto itself as a dramatic backdrop for performances. Casa da Musica reveals its contents without being didactic; at the same time, it casts the city in a new light ...

一般认知

如认知OMA的Casa da Música, Porto,可通过图纸了解整体空间构成,通过模型了解整体造型,通过建筑师的说明注意到音乐厅空间与城市的关系等。"一般认知"类似于观察的延续。

认知

解读者对建筑现象的先验认知，是认识现象的构成，即建筑事物、表演者的感知和反应，以及它们的参数。至今常用的参数见前章"建筑现象"的论述。解读者可以添加新的参数，或调整常用参数。

具体认知和表达这些参数及其定量、对解、比较，解读者可以使用一般、专门或特定的认知工具，包括自创的或引用的。

此外，建筑现象与解读会发展出一些命名或符号类的认识，这些也是解读者在认知现象和表达解读时可以使用的认知工具。

一般认知

一般认知的方式是观察，工具是语言、图表、单位测量等常用媒介，定量可以是正向或负向的。

例如：

现象参数	定量		
	语言	图表	单位测量
墙面开口	"门"	（附比例剖面图）	"2×0.8 m 开口"
大小	"很大"	（附比例平立面图）	"100×10×5 m 体量"
交通	"畅顺"	（交通示意图）	"20人／秒人流"

专门认知／特别认知

如区域的人行交通，可把观察到的状况，用解读者开发的电脑软件进行分析，其中以点代表某数量的人、以线代表几条近似路径的综合，整体抽象地简化和量化停留密度和人行路径的分布。这是用科学方法和特别的工具认知现象，是对观察结果的处理。特别认知工具是解读者的特有设定，而专门认知除了科学方法，还有近科学方法和辩证方法。

解释认知

如罗伯特·文丘里（R. Venturi）设计的英国国家美术馆新翼，其立面上的韵律变化元素，可用"科林斯壁柱"来认知和表达。科林斯这个古典立柱样式的命名，本身是一个内容解释（详见后述），此处被用作认知的工具。解读时，解读者对建筑现象的认知，常会使用解释性词汇，如安藤式清水混凝土、中式大屋顶等，这虽然方便了表达，但这些词汇只是认知现象的工具，不一定为现象内的表演者所认识，亦不是解读者解读出的内容。

专门认知

专门的认知方式有三种：验证性的科学方法与近科学方法、非验证性的辩证方法。对建筑现象的专门认知，描述操作需使用科学/近科学方法、解释操作需使用辩证方法、评价操作则需分别使用这三种方法。

特别认知

解读者设定的特别认知系统，可以是新的认知参数和定量媒介，或把已有的系统抽象化等。例如：

以一套图式系统表达空间的连接性，进而对解社会行为反应 [如希勒 (B. Hiller) 的 "Social Logic of Space" 系统]；

以三维图像表达环境控制中的空间温度、气流分布等 (如环保建筑设计和解读的常用系统)；

以电脑程序表达建筑形态的组成、形成 (如参数化设计的程序和界面) 等。

解释认知

建筑现象中表演者的符号认知、解读者的解释内容，都有可能渐渐成为公众符码或心理图式、甚至社会或文化共识。例如 "古典样式的" 立柱，"圣经故事的" 壁画等。

认知和解读含有这些内容的建筑现象时，可以使用此类共识的认知用语。但这些来源于其他建筑现象或解读的用语，需要与当下解读中的解释内容进行区分。实际上，建筑的解读中，经常会使用这类认知用语。否则，所有解读都需要从 "零点" 或 "第一原则" 开始，从而妨碍解读的效率或更高解读层次的实现。不过，当所面对的解读受众对这类认知用语没有共识时，这些用语便需要特别说明。

"描述"（Description）是解读的第一个操作，通过对建筑现象参数的定量与对解，侦察出建筑现象某些方面的表现或整体的特性，是为描述的结果。描述的结果是解释和评价解读的基础。正如其字义，描述是对建筑现象本身客观、外在有效的侦察——能通过科学/近科学方法验证的。由于建筑现象有一定的范畴，描述的成果是相对有限的。

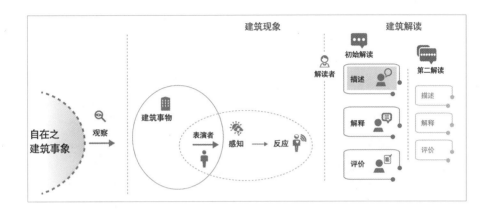

描述

对建筑的描述，是解读者针对其观察到的建筑现象，
在一些认知系统下，
侦察出建筑现象某些方面的表现或整个现象的特性。

"表现"是某些现象参数的定量、参数之间的对解，
"特性"则是现象中突出的表现，
视乎量化的走向，表现与特性都可以是正面或负面的。

对一个建筑领域的自在之事象，如果解读者的观察充分、全面、客观，产生的建筑现象和其
侦察的现象整体特性便更客观、更准确。

描述是对建筑现象内在的探讨，是一个定量的解读操作。
描述的可靠性取决于外在有效性，即可以科学或近科学（如行为心理学）地验证其所侦察
的定量、对解关系、表现排序的正确性。

以下是具体的描述操作与内容。

描述的准备

描述前会有选题、进行观察、选择认知方式和解读范围的准备。

例如:

选题

解读世界普遍认识的希腊雅典帕特农神庙产生的建筑现象。

观察与建筑现象

这个现象是一个专门解读者通过这样的观察产生的: 解读者在夏日、多日、实地、多面地体验观察残存的神庙和周边环境; 审阅基于前人考古推想的原神庙复原平立剖面和透视彩图、详细的构造、当时的建设、使用 (如拜庙仪式安排和路径等); 戴上VR (虚拟真实) 的眼屏, 察看三维复原的神庙和环境的高仿景象; 察看当下多国群众访客作为表演者的观赏反应并与他们交流; 翻查建筑历史书籍和网页对当时符号意义的记载。

一般认知

通过其观察方法, 解读者掌握对该现象的一般认知和记录方式: 以图纸和引申的单位测量方式了解建筑物; 以解读者本人代入当下平均表演者的角色, 以文字加草图记录其反应; 以受访表演者的谈话录音为基础, 用文字记录他们的一些反应。

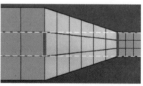

特别认知

此外, 解读者还准备引用一个特定的认知方式: 一个行为心理学常用的视感修正模型, 以了解表演者的视觉偏差。

解读选择

解读者选择这个建筑现象中的一部分内容进行解读: 建筑事物——场地的地理与地脉、整体建筑形态、突出的部分形态; 古今表演者的感知——视觉感官; 他们的反应——突出的活动性、感性和知性反应。

这个解读者观察到的建筑现象, 概括了:
建筑事物的范畴、物理、形, 表演者、感知和反应。
这个解读者将使用一般与特定的认知方式来了解这个现象。后者多是专门解读者才能掌握的。
这个解读者会对形态这个参数作全面的解读, 对其他参数则是作选择性的解读。

描述（内在）

- 描述前: 认知系统、选择
- 操作: 定量、对解
- 结果:
  - 表现
  - 特性

描述前: 现象、认知系统、选择

一个解读者对建筑领域的自在之事象, 以某些观察方法产生的一个建筑现象, 包含一些建筑事物、表演者的感知和反应。解读者准备解读这个建筑现象。

针对该解读的受众, 为了能够掌握这个建筑现象和可以清楚地沟通, 解读者先要明晰:
对建筑事物、表演者的感知、反应较有共识的认知系统和用语;
所扩充的一些已有的认知系统和用语;

为进一步加深对建筑现象的掌握, 解读者可以:
设立或引用特别认知系统。

解读者可以全面地解读整个建筑现象,
或只解读现象内其感兴趣的建筑事物、感知、反应。
选择可以是意识的或非意识的。

描述的基本操作

描述是对建筑现象参数的"定量"（Quantification）和"对解"（Mapping）。

定量

例如：解读者选择定量侦察帕特农神庙的某些建设资料、形态中的比例和几何、表演者的感知、视觉感知性的感性反应等。他的侦察采用了客观、科学的方法：

感知/反应：解读者综合当下表演者和自己VR代入的反应，特别赞叹的是视觉性感知"帕特农神庙所有的柱，包括边角的柱，都显得同样挺直，而比例轮廓都很正"；以及感性反应"神庙很有美感"；

建设资料：解读者介绍帕特农神庙建于公元前447~432年，献给城市的守护神Athena，具体做法是供奉一个她的塑像；

形态几何：解读者通过查阅细致测算图，指出物理上神庙的转角柱都是向内微倾斜、各转角柱直径比其他柱稍大、短边立面的柱座和额枋不是完全水平而是中点稍高往两端略微弧形下斜的。这些偏差都有具体数据。通过测量资料，解读者亦指出了长方立面的比例关系。

又如：指出某个CBD区域的人行交通受限，是对相关现象"空间行动反应-通行"参数的一个定量；

指出某建筑的建筑师是扎哈·哈迪德并介绍她的背景，是对相关现象"工程项目-人员组织"参数的一个定量；

指出泰姬陵的建筑高度，是对相关现象"形的性质-大小"参数的一个定量；

指出很多表演者看到某个建筑空间时有截然不同的表情，是对相关现象"情感性反应-基本情感"参数的一个定量。

描述（内在）
- 描述前: 认知系统、选择
- 操作: 定量、对解
- 结果:
  - 表现
  - 特性

基本操作: 定量

"**定量**"是侦察建筑现象中参数（土或于参数, 下同）的量化。

（如"业主"的量化是某名字、某资金量等;

"大小"的量化是单位尺寸、也可以是形容性的很大很小等;

"情感"的量化是形容性的很轻快或非常沉闷等）

一个建筑现象中, 不同参数有不同的量化"单位", 其换算准则要根据同一目标效果下, 这些不同参数的作用力来设定。（见后述"解读的问题"/*抵消作用* 章节）

对解

前章"建筑现象"中论述的表演者反应的例子中,也介绍了建筑物与活动性、感性、知性反应的对解。它们的成立,有基于科学验证的(如桑拿房温度与平均使用者的血压等生理指标的关系),也有基于近科学验证的(如高大规整的建筑物与权威感的关系,是通过行为心理学的推论、直接的问卷调查乃至常识性的推论)。成立的对解,一般会理解为原因、作用等。(但基于科学的底线,这些对解也只是解读而不是绝对的)
其他如建筑事物内的对解例子:

帕特农的立面构筑关系(夸张示意) ——→ 最终视觉效果   如按垂直和水平构筑的视觉效果

例如:针对前述对帕特农神庙的参数定量,接着以列柱物理上不规则的幅度,用视感修正数码模型模拟常人的视觉偏差,发现这个幅度刚好把偏差修正。解读者验证了一个对解:列柱精准的物理微调可以使柱和立面比例的视觉效果完美呈现。按行为心理的理论,神庙的形态比例对解表演者(当时的拜庙者)视觉组织上的"恰当比例",产生美感反应。

解读者这个对解是成立的,因为建筑物的几何与比例测量是科学的;感知和反应的结果是通过统计和模拟获得的、对解是基于行为心理学和数码模型成立的,是近科学的;因此对解都是外在有效的。

又如:指出安藤忠雄设计的光的教堂"墙上十字架开口的光束,只在有特定日照条件的时间才发生"——这是对解"建筑空间的光效果"与"存在的时间"两个参数的定量;

指出藤本壮介设计的N-House,3层的箱中箱有着清晰的秩序,而非同轴且大小不一的开洞则是无序的,这种"秩序与非秩序、封闭与贯通的交叠",使"所有空间有着暧昧的过渡性质"——这是对解"形态的空间关系"与"关系的素质"两个参数的定量;

指出21世纪的参数化建筑,"拓扑几何的复杂形态,是只有3D绘图软件才能产生的",是对解"形态–几何性质"与"工程项目–设计工具"两个参数的定量;将这个对解一般化后(如综合手绘、2D绘图软件的年代),进而指出"设计工具是决定建筑造型的可能性因素之一"——这是参数间而非定量间的对解,是一个理论的雏形。

基本操作: 对解

针对建筑现象的建筑事物、感知、反应三个方面,
"对解"是审视和侦察下列关系:

每个方面内部参数(包括它们的定量,下同)之间的关系
(如建筑事物中,建筑物规模与工程项目投资的关系);
建筑事物与感知二者的参数之间的关系(如基本几何形态触发格式塔感知);
建筑事物与反应二者的参数之间的关系(如城中电视塔触发活动性的定向反应);
感知与反应二者的参数之间的关系(如格式塔感知触发感性的恰当性反应)。

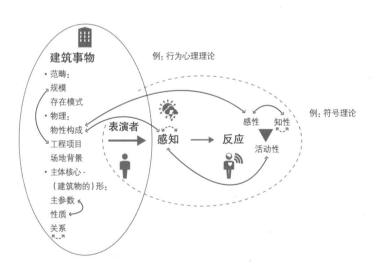

常见的对解一般理解为"内在角色"、"用途"、"作用过程"、"原因"等常见观念,
(如项目的建设费过于高昂,"因此"被大众认识);
特别的对解可抽象化或综合化,成为一些理论、模式等(如建筑符号学的理论)。

定量与对解必需是外在有效的,即能够以科学或近科学方法(如行为心理学)作出验证。
定量与对解是描述的基础操作,用以侦察建筑现象的表现和特性。

描述建筑现象的表现

"表现"（Performance）是建筑现象的一个或数个方面的定量、对解。这个描述结果只针对这些方面而不是整个建筑现象。上述说明定量与对解的操作例子，作为结果就是相关建筑现象一些个别参数的表现。以下例子为较综合性的建筑现象表现。

例如：解读者指出帕特农神庙建于公元前4世纪，经历了人为和自然的破坏，这也为现今访客带来一种追求完美的想象、远古的历史识别和场地衬托的浪漫感性。

解说者这个描述，对解了"建筑事物的存在"和"知性的认识"、"感性的心灵性"反应的定量，指出了一个帕特农神庙现象的一个表现（于当下游客产生的常有反应）。该描述是以近科学的心理学方法为基础的。

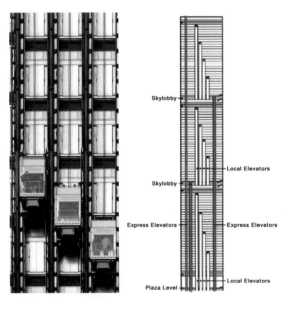

又如：

个别方面的表现

指出高层建筑的电梯尺寸、速度、数量、平面距离、竖向的高中低分区、消防和货梯的位置、厂家、技术指标、维护安排等方面的数据，通过应用软件的认知分析，对解出客流是便捷、舒适、安全的，货运是流畅的——这些是该建筑在"电梯"这个"建筑事物-设备"参数方面的表现。

多个方面的表现

指出一座新建成的超高层建筑，坐落在城市的CBD、全玻璃幕墙立面、有632m的总高度，这分别是建筑事物的"地点"、"外墙构造"、"高度"3个参数的定量；认知上（于表演者或解读者），超600M的建筑是罕有的，因而"3个参数中，建筑高度是最突出的"，这是参数间的比较；再指出"于超高层建筑林立的CBD建设这个高度和采用这种立面，会比在城市其他地段更合适"，这是3个参数之间的对解。

这些定量、比较和对解，是该建筑在这3个参数上的综合表现。

描述（内在）
•描述前：认知系统、选择
•操作：定量、对解
•结果：
　-表现
　-特性

表现侦察

解读者选定建筑现象的一个或多个参数后，可以描述其表现：

侦察这些选定参数的定量，
（如只选"疏散楼梯"，定量如距离分布；
（如选"地点""载体""建筑师"，定量分别如衰落小城市的远郊区、2 000座的大剧院、扎哈·哈迪德）

或在选定的多个参数中，按定量的相对突出性，侦察出其中突出的参数，
［如上例的地点、载体、建筑师中，因建筑师的突出定量（扎哈·哈迪德），确定在三者中建筑师是突出的参数］

或对一些选定的参数或突出的参数作出可能的对解，
（如上例中，地点与载体对解：按交通与人口分布，在远郊区盖大剧院是相对不合理的）

参数的**定量**、**突出的参数**，都可以是正面或负面的。
一个参数下的次参数与其定量，需要时亦可概括为该参数的定量，不用分列，以简化表达，
（如表达主参数剧院规模，可概括为2000座的大剧院，而座位、面积、尺寸等次参数的定量便不用分列）

这些定量、对解，只是建筑现象中解读者所选参数的表现，不一定是整个建筑现象中最突出的。

描述建筑现象的特性

"特性"（Character）是建筑现象整体上最突出的表现，是按其所有方面的表现排序的结果。

个别建筑现象的特性

例如： 解读者基于之前的观察，参考更多其他专门解读者的观察，并把VR的模型再细致化，然后邀请一些访客重新体验，将帕特农神庙的建筑现象扩展到更全面的程度。

对这个更完整的建筑现象，包括复原的帕特农神庙和场地与当下的现状，通过自我客观的代入和一些访客的回应，解读者侦察了它所有已知元素的定量，并按正面突出性的次序，明晰了整个帕特农神庙现象的基本特性：

  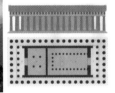

帕特农的特性 1：（建筑事物-场地背景）建筑与微地脉的关系 →（反应-感性）视觉组织性：
按复原的帕特农神庙和场地，这个矗立于最高点为70 m的雅典山，建造于一个300x150 m叫卫城的圣山石台上的长方形大理石神庙，延续山的层次而立，并与山有近同的材质，加上69.5 m的建筑长度和底直径为1.9 m的外列柱，对古希腊的观察者产生了庄严和超越建筑物本身的强烈视觉感性；

帕特农的特性 2：（形-关系）体量元素的几何性关系 →（反应-活动性）参考定向、（知性）抽象认知：
帕特农神庙所在场地与附属建筑物的整体布局，有多个拓扑性加透视性的几何安排，使古希腊拜庙者获得丰富的由远至近的视觉和空间体验，达到强烈的场的认知、有节奏的召唤性视感和持续的视觉吸引力；

1.618

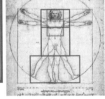

根据复原的帕特农神庙的形态，神庙体量和外柱等元素的大小和布局，有着严格的比例系统，包括自身长方形比例和参照理想化的男性身体比例（对照达·芬奇基于古罗马建筑师维特鲁威描述的理想身体比例所作的《维特鲁威人》图），令古希腊拜庙者产生和谐、简洁的秩序感以及抽象的几何认知；

描述（内在）

· 描述前: 认知系统、选择

· 操作: 定量、对解

· 结果:

　- 表现

　- 特性

特性侦察

解读者首先审视建筑现象中所有已知的建筑事物、感知、反应的参数, 基于其认知,

（定量性的, 如测量出列柱的尺寸、记录表演者的肌体动作或生理指标）

（对解性的, 如依据表演者表达的唤起感, 判断如尺度、几何形状、色调的相对强度）

［比较性的, 如基于知识知悉30m高的列柱是少有的（知识是领域里的已知普性解读）］

侦察这些参数的较强定量,

（如对某建筑现象: 指出整体中国丹青色调、起伏的室内地面、高波幅的折形天际线、外部超大列柱、多门洞等, 是突出的形态;

指出室内的不安感、外部的权威唤起感、联想到中国传统、人行路径不清晰等, 是表演者较强的反应）

然后基于定量正向或负向的突出程度排序,

［如指出形态突出性: 天际线>（色调、大列柱）>（多门洞、起伏地面）;

反应强度上: 唤起>联想>不安>路径不清］

或再侦察一些高次序定量的参数之间的对解,

（如指出折形天际线、全红色外墙面和超大列柱, 触发很强的视觉与权威联想的唤起感;

联想认知上, 室内丹青色调的传统感与起伏地面的新现代感有很大反差;

多门洞与起伏地面, 产生包括迷路般的不安感）

其中最突出的定量（或定量组合）、对解, 便是整个建筑现象的特性。

（如指出特性为天际线与超大列柱及其触发的强烈唤起感、室内的风格对比所触发的传统与新现代感的交叠）

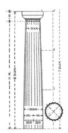

帕特农的特性 3：（形-性质）浮雕形式 →（反应-知性）符号识别：
顶、柱、座的三段体量构成，陶立克式石柱，色彩丰富的顶部浮雕，对古希腊的拜庙者来说是拟人的古希腊 icon 的类符号识别。

这个描述中，展现给解读者的帕特农神庙现象已十分客观全面，突出的参数定量、对解和排序，是通过尽量客观的侦察产生的，有一定的统计性、近科学性，是外在有效的；这是一个现象整体的特性描述。

又如：全立面透感彩虹色彩和触发的欢愉感，是这个建筑的特性，远超形态的弧面与玻璃幕墙等。

色彩化的西方古建筑符号缩影，是这个建筑的特性，远超形态的材料、光影等。

全顶棚的采光图案和触发的眩晕感，是这个建筑的特性，远超机场载体、弧面、尺度等。

组别建筑现象的特性
纵观弗兰克·盖里几个阶段的发展，最后综合为其个人建筑的整体形态特性：功能分栋/块（room building/block）、三维拼贴和产生的空间（3D collage of blocks, & spaces formed）、鱼块状3维曲面（fish-chop）、矮钝比例（dwarf proportioning）。这些表现比其材料、色彩、"洛杉矶流"（LA School）的粗野细部、凸窗等远为突出。

此外，解读者也可以归纳建筑现象中一些重要或突出的参数。
（如指出形态主参数上的轮廓、性质上的几何，是该建筑现象的关键参数）

以上所述的是一个完全性的定量侦察，是为了找出整个建筑现象的客观特性，而不是解读者个人选择的方面。（注："整个建筑现象"不一定是整个建筑物的范畴，而是观察到的或所选择解读的范畴。这个范畴是解读时首先要明晰的对象）

对一个建筑领域的自在之事象，观察产生的建筑现象越客观全面，侦察到的基本特性便越客观、越准确。

定量的强度比较、对解中正/负向定量的强/弱化贡献、突出性的排序，都需要运用"抵消作用"的操作。（见后述"解读的问题"/*抵消作用* 章节）

联想会使人找到参照，产生参考定向（orientation），带来一些安全感。这于解读者亦不例外，通过联想，惯性会做出比较和跨领域的关联（如建筑与宗教）。

通过与建筑领域或其他领域的现象对解，分别基于逻辑辩证侦察出建筑现象的比较、内容，即为"解释"（Interpretation）的结果。

这是解读者基于对建筑现象认知的解读，而不是现象中表演者的知性反应（如符号认知），且表演者不一定有专门解读者的认知广度。需要区分的是：现象与对现象的解读。

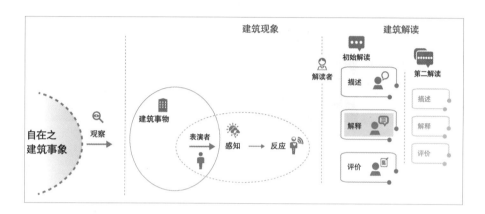

解释

对建筑的解释, 是解读者将建筑现象的描述,
与其他建筑现象或其他领域现象的描述对解,
分别产生领域内的比较分类与领域外的内容,
解释是扩展对建筑现象的了解。

解释主要包括:
比较解释, 即探索建筑的异同、分类, 帮助掌握大量的建筑现象;
内容解释, 即探索建筑的附加值, 从而使我们对建筑领域的联想与思考更加丰富;
进阶解释, 比较与内容解释的层进操作, 是更上层的掌握与抽象的理解。

解释是建筑现象外在的探讨, 一个定性的解读操作。
解释中的对解是基于类比相似性或结构相似性作出的,
其可靠性取决于内在有效性, 即能够以逻辑辩证其所侦查的对解关系的成立性。

以下是具体的解释操作与内容, 解读者可以从中选择操作的范围。

比较解释（建筑现象间）

基于描述结果，进行建筑现象之间的对解，是外在于被解读的建筑现象、内在于建筑领域的解读。

"比较解释"（Comparative Interpretation）的结果是比较出异同、分类归类，充实了领域层面的知识掌握。

对解的准则是"类比相似性"（analogical similarity：内容的相似，例如形态形状的类似），或"结构相似性"（structural similarity：不是内容而是内容结构、内容抽象后的相似，如同地铁线路图与真实运行轨迹的关系），并以逻辑辩证其成立性。

其中，找出类似的建筑现象，或找出建筑现象之间的类似之处，是最常见的扩充性理解。而找出建筑现象之间的差异，则是评价建筑创新的重要操作（见本章评价/资格侦察的论述）。

比较

例如：解读者基于帕特农神庙的一些特性，比较其他时代的类似：

三段式：
解读者基于帕特农神庙建筑现象的一个形态特性——顶、柱、座的三段式构成，与他认识的一些建筑现象比较后，发现（上图从左至右）：

三段式构成从古希腊延续至古罗马的神庙，是古典建筑的一个识别；

在源出古典的文艺复兴时代，三段式构成见诸于不同类形的建筑中；

19世纪末至20世纪初芝加哥学派的高层办公建筑，也是三段式；

20世纪现代建筑的一个代表作——萨伏伊别墅（Villa Savoye, 1929），亦是一个三段式构成；

对称体量、平台阶：
解读者基于帕特农神庙建筑现象的另一个形态特性——对称体量和台阶元素，与先驱"现代建筑"现象比较后，发现：这个特性亦见诸其代表建筑师密斯·凡·德·罗（Mies van der Rohe）的多个作品中；

格式塔几何：
解读者基于帕特农神庙建筑现象的一个感知特性——格式塔效果的简单几何性，与"现代建筑"现象比较后，发现：格式塔亦是现代建筑的常见造型效果。

这些都是将一个建筑现象与其他建筑现象，按（形的）一些元素定量的比较解释，而这个比较是基于成立的结构相似性来判断的。

解释（外在）
· 比较解释（同领域）：
　比较、分类
· 内容解释（跨领域）：
　现象对解
· 进阶解释

比较解释

比较解释是建筑领域内的比较。针对某些描述结果，可以有4种比较：

一个/组建筑现象与其他建筑现象的比较，找出异同
（如基于形态特性，比较德国与意大利典型哥特式教堂的异同）；
多个建筑现象的比较，分出类别
（如将2000年代世界代表性新建筑，作形态风格的类别划分）；
不同建筑现象类别的比较，将类别再分类
（如将中国传统民居风格的不同类别，按色调特性比较并分类）；
一个/组建筑现象与其他建筑现象类别的比较，找出异同或将其归类
［如将扎哈·哈迪德的20世纪80年代建筑与俄国革命后的至上主义（Suprematism）建筑类
别比较，找出异同］。

比较是通过侦察类比相似性或结构相似性作出的。
从结果来说，比较解释是领域内比较与分类的解读。

又如：一般性的比较结果

类似（similarity）

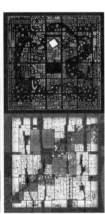

"抄袭"（copy）——形态的形状与大小几乎一致的郑州咖啡室与原作勒·柯布西耶的朗香教堂；

"近似"（similarity）——两个项目的规划案，2007年OMA与诺曼·福斯特（N. Foster）互相指责的近似，介乎类比与结构相似性之间；

"联系"（reminiscence）——室内仿生物元素带来的惧怕感，联系阴森的外观环境带来的惧怕感，这是情感反应的类似。

差异（difference）

不以形态的几何形状，而以性质上的元素数量与密度、轮廓的整洁度等进行比较（结构相似性对解），这三个建筑 [艾利斯·马特乌斯（A. Mateus）的莱里亚住宅（House at Leiria）、罗伯特·文丘里的母亲之宅（Venturi House）、《我的世界》（Minecraft）网游的建筑] 的相对差异是简约、普通、复杂。

异同（similarity cum difference）

埃及金字塔与巴黎卢浮宫新翼入口，其形态几何相同，而地脉、材料、构造、细部、光滑度、光影效果、重量感等则迥异，是典型的同中有异。玻璃的基本几何体，则归类于普性的现代建筑风格，与周边老建筑的对比亦然。

解释（外在）
· 比较解释（同领域）:
  比较、分类
· 内容解释（跨领域）:
  现象对解
· 进阶解释

比较

基于某些建筑现象或现象类别的描述,比较它们的某些表现或特性,以侦察各种、各层次、各覆盖度的类似、不同或混合:

类似

相同、相似、抄袭、模仿、联系、参考、抽象提取、变化等从深到浅的类似

[建筑现象间类似的程度,亦是后述创新评价中的抵消作用乃至反面参照,见本章*评价/资格侦察*的论述。而具体是哪个程度的类似,则与各种程度的形容词和大众判断的共识相关,其中如法律意义上的"普通人"(ordinary man)的感觉亦是一个简单的准则];

不同

差异

(建筑现象间差异的层次和程度,亦是后述创新评价中评价的正面参照,见本章*评价/资格侦察*的论述、后述"*解读的问题*"*/创新的判断* 章节);

对比

(一种特别的差异,如勒·柯布西耶从二战前的纯粹主义到战后的粗野主义风格,形态上是很大的对比,以至于他的追随者产生了被背叛的反应);

颠倒

(另一种特别的差异,如将一个方案整个体型反转、平面与剖面对调,产生新的方案,这常见于建筑设计,如OMA的作品集;而如勒·柯布西耶的纯粹主义风格中隐于直角轮廓内的曲线,在其所处的粗野主义年代与直角的配置进行对换并形诸于外,亦是一种颠倒)等;

混合

异同、颠倒、拼砌、混杂等

(建筑现象间,不难找到类次和不同之处,重要的是指出异同的参数层次和程度)。

分类

例如：解读者基于帕特农神庙现象中的一个识别——外围的陶立克式石柱与拥有同样式石柱的类别经比较后，发现：

神庙各家族：
虽然帕特农神庙的内部有4根爱奥尼亚式立柱，但这个神庙是古希腊陶立克式神庙家族中的一员（左图）。其他式样的神庙有爱奥尼亚式（中图）、科林斯式（右图）、混合式等；

家族成员的差异：
在陶立克式神庙家族里，帕特农神庙石柱的高/底直径比是5.5（中图），介乎家族最小的4（左图）和最大的7（右图）之间。帕特农神庙并不是陶立克粗犷性的极端代表。

这是将一个建筑现象与已知建筑类别归类，并与这个类别作比较的解释。
这个比较是基于成立的类比相似性来判断的。

又如：20世纪70年代的代表性日本建筑有着不同的特性。按建筑师划分，如安藤忠雄的形态极度内向、伊东丰雄的空间趋向浮游、毛纲毅旷的活动功能的排挤性、石山修武的知性异样机械符号、黑川纪章的形态的类生长关系、筱原一男对传统符号的夸大比例、矶崎新对现代风格的形态积木化、槙文彦布局的聚合延展等（上下图，从左至右）。

比较而言，安藤、伊东、毛纲和石山的建筑，都有着感性上的心性抗拒、排斥感，正好对应他们当时同为"40后"的新一代。这个共通点，使他们与同代的渡边丰和、石井和纮、六角鬼丈和重村力等共同被槙文彦称为"野武士"，并被归纳为"反叛的新一代"（这个命名是一个"内容解读"，见下述）。

解释（外在）
· 比较解释（同领域）：
  比较、分类
· 内容解释（跨领域）：
  现象对解
· 进阶解释

分类

基于某些建筑现象或现象类别的描述，
按它们的某些表现或特性，
或按建筑事物、感知、反应的某些参数，
作出分类或归类。

分类

多个建筑现象的类别化，例如：
按建筑事物分类的，如时代、城市、建筑用途等；
按反应分类的，如感性上令人喜悦的建筑、知性上触发强烈符号认知的建筑等；
按建筑特性分类的，如型范、形式、学派等；
将类别再归纳分类的，如将时代归纳为历史类、城市归纳为地域类等；
或按其他分类。

归类

将某个或某些建筑现象归类于已知的建筑类别
［如丹尼尔·里勃斯金（D. Libeskind）的建筑曾经被归类为解构主义（Deconstruction）风格］。

内容解释（建筑与其他领域现象间）

某建筑物形态可以用一个绘画风格形容、某使用者群的行动可以在一个宏观的时代背景里、某心灵性反应的意义可以是一个信仰……这些形容、背景、意义等，都是建筑现象（建筑事物、表演者感知、反应）从其他领域对解来的附加内容，只是表达上稍有不同。由于是跨领域的，故"内容解释"（Text Interpretation）不着眼于外在形态形式，而是两者的内在关系、感知反应。有效的内容解释，是基于逻辑辩证成立的结构相似性作出的对解。

例如：解读者认为：帕特农神庙的现象中，圣山场地的空间布局统合拓扑性几何的多轴向，表现人追求个性但又能融洽相处的理想；

神庙的现象中，有强烈的格式塔几何识别性，却与山有着一体构成的特性，体现出人文观念上人与自然的合一，但又不失人类自我的优越；

考虑古希腊的信仰与观念，帕特农神庙的现象中，和谐和简洁的秩序感以及抽象几何认知的特点，与供奉的女神Athena代表的身心纯洁、智慧是一致的。

这些内容解释，是基于有效的结构相似性，将建筑现象的特性描述，对解其他领域（人文思想、古信仰）的描述，从而赋予现象（特性）一些意义。

> **解释**（外在）
> ·比较解释（同领域）：
>   比较、分类
> ·内容解释（跨领域）：
>   现象对解
> ·进阶解释

内容解释

操作上，
内容解释是将建筑现象对解其他领域的现象
（如某宗教、科学理论、文学作品、言语词汇）；
对解的具体对象是相关现象各自的某些描述，即其表现或特性；
对解主要是通过侦察结构相似性作出的
（即不是按外在形态上的相似，而是按描述中的关系或表演者的感知/反应的近似）。

又如：丹尼尔·里勃斯金设计的柏林犹太博物馆，锯齿形、菱角、封闭、冷峻的外轮廓首先使人压抑与不安，墙上的交叉线形窗触发倒钩钢丝网与伤疤的符号认知和痛楚感，贯通之字形空间布局的直线是只穿过但不能通行的中空，与20m高阴冷的"大屠杀塔"空井共同触发被消灭的空洞感和恐惧感。综合这些感性反应，有如二战被大屠杀的犹太人伤痛的明晰（虽然程度很不同），大屠杀可解读为这个博物馆的其中一个"意义"，成为该建筑的一个附加的"内容"（text）。

犹太博物馆如此突出空洞的空间，也可解读为对"缺席"（absence）的强调；同时代彼得·埃森曼的韦克斯纳视觉艺术中心（Wexner Center for the Arts）（左图），仿历史建筑的简化原形被现代建筑的白色钢架切列，可解读为对历史与现代的解构；伯纳德·屈米（B. Tschumi）的拉维列特公园（Parc de la Villette）（中图），现代建筑的网格、古典建筑的景观轴线和现代规划的功能分块，三者被随意性按层叠加，可解读为对古今强调规矩的嘲讽；扎哈·哈迪德的香港山顶会所方案（右图），修长小体块以三维多轴向叠加形成的不稳定构成，可解读为对现代建筑稳定、格式塔几何的挑衅……这类建筑师20世纪80年代至90年代初的典型作品，形体上皆有不稳定的几何或关系，一些内容解释皆是挑起"表象"（presence）背后、拒绝绝对的规则等思想，类似雅克·德里达（J. Derrida）提出的"解构主义"（Deconstruction）哲学：从语言意义到声称的真理，都只是对相对于关联或对立的解释的理解（如"现在"的词义只是基于对相对对立的"过去"和"将来"的理解），并不是绝对的。然而这些表象经常被突出，使得相对的解释缺席（如提到"现在"时，好像有一个确定的"现在"而往往忽视"现在"对比"过去"和"将来"的界定）——翻开这个理解的机制，就是去"解构"语言、哲学、历史、定义……这个时代的这类建筑可被命名为"解构主义建筑"（Deconstruction Architecture），这个命名连带相关哲学成为它们的意义——一个附加的内容。

结果上,

成立的对解中,其他领域现象的描述,可视为这个建筑现象被赋予的一些内容
(如罗马的圣彼得广场的椭圆平面有三个圆心,
并以一座方尖碑和两座喷泉进行明晰,加上环抱广场的大柱廊,
构成上可以对解上帝是圣父、圣子、圣灵三位一体的基督教教义,
后者便被视作这个建筑空间的一个宗教性内容)。

理解上,

针对相关表现或特性,
这些内容可以理解为一般用语所指的形容、意思、理由、因果、意义、反映、影响、背景、辩
证、命名等。
其中,命名是将一个建筑现象特性对解一个词汇附带的特性定义
(如"后现代"建筑的命名,便牵涉后现代这个用词在社会等领域的使用"意义")。

进阶解释

大部分的解读是一个多层次的操作，尤其是解释。如比较后可以再比较、内容可延伸出新的内容、比较可以再对解一个内容等。这就是"进阶解释"（Further Interpretation）。

进阶比较解释

例如：解读者考虑建筑与自然观的关系，比较之下，提出了帕特农神庙表现的是人与自然的融合，与现代建筑人工化超越自然和逆自然的姿态形成反差。这是将复数的内容解释作比较解释，是一个进阶的比较解释。

又如：

分类后再比较：

20世纪60年代末，理查德·迈耶、查尔斯·格瓦斯梅、彼得·埃森曼等"纽约五人组"建筑师，作品是共通的白/近白色调、抽象几何、无地域符号，被分类为"白色派"；这一类别再与美国其他同代建筑师比较，查尔斯·穆尔、罗伯特·斯特恩等另5人，作品在色调、材质、传统符号上均形成反差，后者被分类为与"白色派"对立的"灰色派"。

分类后再分类：

印度教建筑、日本神道建筑、基督教建筑都是依据各自宗教的建筑分类，相对于其他如住宅、学校、宫殿等分类，这些类别可以统一再分类为"宗教建筑"。

内容间的比较：

上述几个宗教建筑的分类，其主要内容就是各自的宗教。按建筑-宗教的对解所理解的宗教，可以再互相比较，如其中神与人（参拜者）的关系、神的唯一性等。

解释（外在）
·比较解释（同领域）：
　比较、分类
·内容解释（跨领域）：
　现象对解
·进阶解释

进阶解释

建筑现象的比较解释或内容解释的结果，

可以再次进行比较解释或内容解释，

得出的结果，还可以继续解释⋯⋯

这就是进阶的解释。

故此，解释性的解读是可以一直延伸的。

再对解的方法也是侦察其中的类比相似性或结构相似性。

进阶比较解释

比较：

针对某些表现或特性，比较解释中侦察出的类同或不同的建筑现象，

可以再与其他类同或不同的建筑现象作比较，

（如针对外墙的颜色，黑、白、灰作为灰调与冷酷感的系列，

可以再与各色彩的动感系列形成反差比较）

如此类推；

分类：

针对某些建筑现象参数、表现或特性，分类解释中对多个建筑现象划分出的类别，

可以再归纳更上层的分类，

（如将各信仰教派类别归纳为"宗教建筑"分类）

如此类推；

内容：

针对建筑现象的某些描述，内容解释中对解其他领域所产生的内容，

可以与其他建筑现象的解释内容比较，侦察异同，

（如教堂对解的天主教派内容，比较寺庙对解的佛教内容）

如此类推。

进阶内容解释

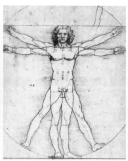

例如：解读者考虑历史的共通点与参照点，认为帕特农神庙、古罗马神庙、文艺复兴、芝加哥学派至萨伏伊别墅的建筑现象中，三段式构成的特性延绵了几千年历史，反映着人的头、身、腿三段构成这一自然平衡的永恒观；也可以说，现代建筑的发展有着"古典性"的一面。

这是将建筑现象的比较解释对解其他领域（人文、生物、历史）的描述和内容解释，是一个进阶的内容解释。

又如：

比较后再作内容解释：

代表日本20世纪90年代新世代的妹岛和世，比较而言，其建筑（左一图）体形有密斯式现代建筑（左二图）的通透简洁、布局有江户大书院雁行排列的浮动感（右二图）、空间有民家间隔的不确定性（右一图）、材质有传统幛子般的白色轻盈。这些比较结果，可再作内容解读：普世的现代性与独特的地域性融合，以现代语言游玩日本固有的浮游感，是她上一代的安藤忠雄层次的2.0版本。

内容再作内容解释：

"BIG的很多作品都有一个形态共性，即以分块的小单元叠砌类金字塔的大型几何山体，或它的变化如倒立，哪怕在一些项目中山体几何与功能并不融合——BIG对山形有一种痴迷（obsession）；

正如在设计领域里，如只设计黑色时装、或只以猫为对象作画等，都体现了对某事物的痴迷，其中可能是一种非理性的精神性痴迷，也可能是一种创作行为的惰性。"

这是将一个建筑现象（一个建筑师的作品组）的内容解释（对山的痴迷）对解其他领域（泛设计）现象的内容（精神性痴迷或惰性的创作行为），后者的内容可看作前者内容的共性或大背景。

进阶内容解释

以一个或复数的建筑现象的比较解释，

对解其他领域现象的描述或内容解释，

（如将某地的古、今泛建筑现象进行比较，找到很多关系上的共性，

以此对解当地在历史变化中，单一的民族与稳定的背景），

如此类推；

或以一个建筑现象的内容解释，

对解其他领域现象的内容解释，

（如21世纪的参数化建筑现象，有一些是复杂的弧性几何进阶式变化，认识上类似有机但又有计算操作，

这些泛特性可对解基因工程对生命体的高科技人工操作，成为参数化建筑形容性的内容；

这个内容，可以再对解AI的蓬勃发展及其引发的恐惧，成为参数化–基因工程背景性的内容）

如此类推。

对建筑现象，通常所说的水平高低、有新意与否、喜欢或讨厌都是在做"评价"解读（Assessment），分别归纳为素质、创新性、受欢迎性的判断。

有效的比较与参照是评价的关键：素质是技术标准的科学性参照、良好感知的近科学性比较；创新度是近科学性的比较解释的极致，即前无古人的程度；受欢迎度只取决于参照人物——谁的喜欢或讨厌，或按前者以辩证方法或民调（近科学方法）作出的结果。

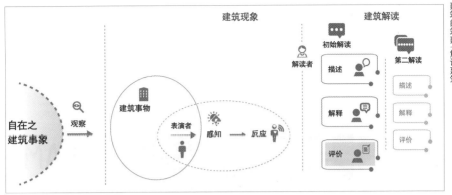

评价

对建筑的评价，是解读者基于建筑现象的描述、解释，判断建筑现象的素质、创新性、受欢迎性。

素质：
指工程操作和完成的质量、物性完成度、形态的完整度；
建筑现象有素质，意味着高质量、高完成度、高完整度，一般被视为"很好的"建筑；
判断素质，是对建筑现象的"素质侦察"。

创新性：
指与前人比较，带来了多少新可能性；
创新的建筑现象，比它之前的更新，一般按程度被视为"创新的"、"突破的"、"伟大的"
建筑。
判断创新度，是对建筑现象的"资格侦察"。

受欢迎性：
指对于一定的人或人群，所受到的喜爱程度；
受欢迎的建筑现象，会与受众的取向或价值观吻合，一般按受众的数量与吻合度被视为
"好的"、"被喜欢的"、"被爱戴的"建筑。
判断受欢迎度，是对建筑现象的"喜好侦察"。

评价是对建筑现象的价值探讨，一个定质的解读操作。
侦察建筑现象的素质和资格，是以科学或近科学如统计学的方法为基础，是外在有效的。
建筑的素质和资格是不附带价值观的。
侦察建筑现象的受欢迎度，间接的方法是通过辩证的推论，是内在有效的；直接的方法是
以如民调统计为基础，是外在有效。受众的喜好本身是附带价值观的。

以下是具体的评价操作与内容，解读者可以从中选择评价操作的范围。

素质侦察

建筑即使没有创新、不受人喜欢，也可以有很好的"素质"（Quality），给人一定的好感。
成立的素质侦察是基于科学或近科学方法客观地作出的。素质体现在以下方面。

工程操作和完成的质量

应该是最能客观做出的评价，因为都是以技术性指标为参照。不过，有些指标只有最低值，在面对不同程度的超越或不足时，形容建筑水平的高低便取决于解读者的参照范围。

物性完成度

侦察建筑的完成度，可以按表演者视感判断的细致度，如楼梯扶手、立柱与墙面的精雕和灯光的细腻配合（左图），又如平整的外墙玻璃面、清晰的悬挑盒子交接线（中图）；也可以按生理判断的合适舒适度，如明媚的阳光、自然通爽的休息空间（右图）。

形态的完整度

按建筑特性间的一致性、明晰度等，可侦察建筑形态的完整度。如这个室内，从墙面、顶棚、家具的布置都明晰着三分的主题，木料则以面、线、点来明晰其木质雕塑的特性（该室内也有很高的物性完成度）。

例如：解读者侦察另一个陶立克式神庙家族成员。他发现与帕特农神庙（右图）大约同时期的协和神庙（左图），有着陶立克式神庙的特性。但协和神庙的西西里凝灰岩石柱，相比典型的大理石陶立克，在亮度、质感和精准度方面显然不足，削弱了其精准和纯洁的整体特性。协和神庙在陶立克神庙家族里，相对素质不够。

这个解读，是基于某组建筑现象一个主要特性的平均素质，来比较一个现象的素质，是一个客观的相对素质侦察的评价。

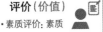

评价（价值）

· 素质评价: 素质

· 资格评价: 创新性

· 喜好评价: 受欢迎性

素质侦察

素质侦察是针对表现与特性，判断建筑现象的素质。

素质分为工程操作和完成的质量、物性（实体）完成度、形态的完整度。

这些素质可进一步与不同建筑现象的素质作比较。

素质的侦察中，判断质量是基于科学或近科学的方法，判断完成度和完整度是基于近科学的客观推论。

工程操作和完成的质量

即建筑事物中工程项目的设立与运作方面的质量，以及施工完成度。

如针对工程筹划的全面性、管理的效率、设计表达的深度时，

侦察方式是对照工程项目的相关管理标准（如国际性的ISO系列），

以及收集分析项目人员作为表演者对这方面质量的判断等；

如针对施工的精度、材料的品质时，

侦察方式是对照对应的当地或国际的工程验收标准和规范等。

物性完成度

即建筑事物中物性构成的完成度，侦察方式是统计分析表演者视觉所感知的广义恰当感和空间行动上的质性反应（合适性/舒适度/……），然后作出判断。

形态的完整度

建筑现象特性的一致性，即各种表现都在强化、明晰它的整体特性

（如建筑现象有简约的整体特性，其几何、面材、节点等方面都贯彻简约的表现）。

侦察方式是基于建筑现象的特性，察看更多现象参数的表现，评定它们的量化是同向、中性或抵消性的（具体操作见后述"解读的问题"/*抵消作用* 章节）。

评价

自我素质:

经过分别侦察这三方面，结果若是正面的，建筑现象便是在部分或全部方面"有素质"（quality architecture），同时按其正面度和覆盖面形容"有素质"的程度。

对有素质的建筑现象，大众常以"很好的"建筑（good architecture）来反应。

相对素质:

将建筑现象的自我素质，与一定范围的其他建筑现象的平均素质比较，评定建筑现象在此范围内的相对素质水平。

资格侦察

判断建筑现象是否创新，强调的是审定其"资格"（Qualification），而不是素质（Quality）。

审定建筑现象的资格，是相对于建筑事象出现的时间与建筑领域最大的范围，与所有已知的建筑现象比较，判断其"创新性"（Creativity）。

资格只取决于建筑现象的内在表现与特性——哪怕解读者通过其想象力，解释或解读出非常丰富的内容，也不会提高建筑现象的资格。资格是按比较解释而不是内容解释的结果来审定的，其成立性是以有效的比较为基础的。

创新性的量化，是指建筑现象表现与特性的"新度"（newness）、"强度"（strength）、"深度"（depth）、"广度"（breadth）和整体的"一致性"（consistency）。一致性，是指现象的不同表现，都在产生、推动、明晰（articulate）着现象的特性（可包括极端的情况：完全的不一致表现，也明晰着不一致的特性）。详述如下：

"新"的参数/定量

远古人类的居所，从开凿山洞到类山洞空间的砖土壳体，建造上都是在雕塑（moulding）。及至茅屋的出现，区分了结构、墙体、屋顶等元素，建造方法是构筑（composition），并做出较实用的长方平面。茅屋在建筑物理上产生新的次参数（构筑），几何上产生新的定量（长方形），故这些茅屋有历史性的"新度"。

"强"的新参数/定量的层次

设计于1956年，突破现代建筑简单几何的悉尼歌剧院，体量单元其实是正球体的切块，而排列是直线性的；后期现代主义1968年的华盛顿国家美术馆东馆，简单的几何体块，产生比早期现代更流动的空间和丰富的外形；后现代1984年的东京Spiral，外形上是碎片化的方块几何和拼图关系的组合，内部是明晰的、丰富的长方和圆形空间；新现代的解构主义1988年的柏林犹太博物馆，二维的非直线性之字形平面提拉，内部是坡道与水平面挖空的交错……

这些纯几何类的、中后期现代建筑的代表性方向，几何与组合关系都是二维线性的。

而1989年的洛杉矶迪士尼音乐厅，体块几何均是非线性三维弧形，体块的拼图关系也是三维性的，

在本身已形成突破的"现代建筑"大背景里，比较前述各方向，洛杉矶迪士尼音乐厅的非线性和三维拼合，在几何的定量上达到了"很强"的层次跳跃。

1956　1968

1984　1988　1989

评价（价值）
· 素质评价: 素质
· 资格评价: 创新性
· 喜好评价: 受欢迎性

资格侦察

资格侦察是针对表现与特性，通过比较来判断建筑现象的创新性。

比较

以正面的特性和平均的表演者为基础，

通过比较解释一个建筑现象和在它出现前的所有已知建筑现象，

侦察该建筑现象的：

新度，即特性中新参数、或参数新定量的出现；

强度，即新参数的层次、或新定量与以往相比的差异度；

深度，即差异度中，唤起感知与反应的新深度；

广度，即新参数或新定量的涵盖面。

这些创新性参数的估量，最理想的是以统计学等近科学方法为基础，最大化地收集分析专门解读者的判断而作出。若非如此，也须以最客观的态度作比较推断。

此外，作为资格侦察对象的建筑现象，最理想的是接近自在之建筑事象，这需要通过相对客观和全面的观察来产生。

"深"的感知/反应

从美索不达米亚的村庄到中世纪的城市规划，依次触动着当时的原始活动、自然共感、民主认知、帝国的支配感、教廷权威的符号、教廷封建的支配感反应。及至始于文艺复兴的三部曲（文艺复兴Renaissance、风格主义Mannerism、巴洛克Baroque），心性上从自大自信、自我疑惑到天人融合的新的人文情感历程，远比以往规划所触发的反应更为深刻，有深度。

美索不达米亚 Ur, 20C. BC

埃及 El Kahun, 19C. BC

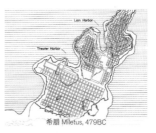
希腊 Miletus, 479BC

原始活动: 拓扑几何，对应村庄活动；

自然共感: 直角与直线，心性上共感尼罗河与太阳升落的交叉轴线；

民主认知: 等分网格，情感性上的非权威、认知上的理性；

古罗马 Timgad, 100BC

拜占庭 Constantinople, 9-11C

中世纪 Siena, 12C

帝国的支配感: 网格与主轴，情感性与符号上的帝权、征服性；

教廷权威的符号: 广场、教堂、轴线，活动性与符号上的基督教第二罗马；

教廷封建的支配感: 拓扑性迷宫路网、广场、教堂，情感性与认知上的封建封闭、教廷管控；

后期文艺复兴 Palma Nova, 1593-1623

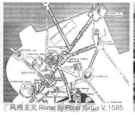
风格主义 Rome by Pope Sixtus V, 1585

巴洛克 City of Versailles, 17C

自大自信: 完整的组织性几何、强烈的中心性，感应宇宙、基督教的完美，心性上人本位的自信；

自我怀疑: 多轴交叉、紧张高密的教会网络，情感性上的不安、心性上的自我疑惑；

天人融合: 统合、动态、开放的放射轴线，心性上人与自然的共感、信仰的融合；

"广"的新参数/定量的涵盖面

1971年设计的法国蓬皮杜中心，建筑物理上结构、构筑、结构设备与体量的关系、人行交通元素、色彩运用、美术馆类型的室内构筑，都有新的次参数/定量，触发着与地脉的和谐与不和谐感、外观和室内与美术馆固有印象的反差感、对美术馆类型符号的挑衅，是视觉感觉和认知上的新反应。这个美术馆，于新参数、新定量上有着广度的涵盖面。

评价

经过比较和侦察，如果建筑现象特性的新度、强度、深度、广度都是正量的，而整体表现又在推动、明晰现象的特性，并达到强烈一致性的，该建筑现象便被视为"有创新"。

按正量幅度可以评价为：

"创新的"建筑（creative architecture）、

"突破的"建筑（Architecture）；

大幅度的突破，加上物性完成度和形态完整度方面的高素质，可以评价为："伟大的"建筑（great Architecture）。

正量幅度可以再细分，以形容创新、突破、伟大的程度。

例如:

资格侦察——泛古希腊神庙的创新度:

针对古希腊神庙, 解读者指出: 相比较古的埃及 (左一上、下图至左二图) 和其他更远古的建筑, 帕特农神庙所代表的古希腊神庙建筑 (左三图), 其创新表现在三段构成的建筑典范、新的立柱式样和建筑式样的营造、比例系统发展下对 "长方形" 的驾驭、抽象的拟人法 (有别于埃及或远古建筑的具象动植物和人样浮雕、壁画及雕塑) 乃至视差调整等。而触发人的肉体与思维性并重、人与自然互重的心性和知性反应, 则远比远古的神人关系思想有深度, 更推动着人文思想的发展。帕特农神庙所代表的古希腊神庙建筑是 "突破的建筑"。

资格侦察——古希腊神庙中帕特农的创新度:

针对帕特农神庙, 解读者指出: 有别于其他希腊神庙, 帕特农所在圣山的入口, 是一条由名为Propylaea的建筑物的陶立克列柱前庭和 (代表成熟女性身体比例的) 爱奥尼亚式柱轴构成的通道, 是一个前所未有的过渡空间布局。整个圣山场地多轴和透视导向的经路, 其计算的戏剧性体验效果是空前的。神庙与山的一体, 帕特农巍立于上所表现的自豪感, 升华了古希腊建筑对人存在于自然、与之共存并自觉的心灵性反应。帕特农神庙的建筑有很大的突破, 是一个 "伟大的建筑"。

这个解读, 是以一个建筑现象的初现时间为划分点, 将其客观的整体特点与之前所有建筑现象比较, 是一个成立的资格侦察的评价。

范围与时效

建筑现象中广义的建筑物，可以是自在之建筑物的部分或整体，取决于观察者与解读者的观察。因此，评价所指不一定是完整的建筑物，例如可能只是室内空间。所以评价的对象范围必须明晰。

资格评定是有时间定点的，是以相关建筑物被设计出来或建成（只于设计背景不详的情况）的时间为划分点，进行现象资格的评定。相对于这个时间点，建筑的创新是它永远的定性。

喜好侦察

个人的喜好，是不需要理由的。个人可以是解读者本人、其他解读者、表演者。

判断建筑现象相对于某人或某人群的"受欢迎性"（Acceptance），是将这些人或人群的价值观偏好/"喜好"（Value）与建筑现象的特性或解释内容进行对解，通过辩证察看它们是否吻合。此外，判断也可以是通过直接的民调进行统计。而解读者若直接表达其个人对建筑现象是否喜欢，他便自我代入为表演者，他可以不给任何理由（如指出个人赋性等），反之，解读者若解读他人是否喜欢，则需要客观的喜好侦察。

可见，指出是谁的喜好很关键。而评价他人的喜好本身，是对其价值观或偏好的评价，已不是建筑领域的解读。

不问好坏的"喜欢"

某人或人群"喜欢"（like）某建筑现象，与该建筑是否有素质、是否创新无关。

解读者可以察看小孩们的反应如愉快兴奋，便可指出他们喜欢这个建筑；解读者可以将小孩们的心理特性对解这个建筑的特性，以解释他们的喜欢。反之，解读者可以用这样的对解，判断小孩们会否喜欢这个建筑。

吻合大群体喜好的"好"

当人群再扩大，如一个城市的社会，他们一般会以"好"（good）来表达正面的喜好。

法国卢浮宫的扩建，新的玻璃金字塔入口从方案公布到建设进行，带给巴黎市民判断是好是坏的难题。本来可以简单地通过市民喜欢与否的百分比来判断，却叠加了拍板人是代表他们的总统这一因素——他个人的审美喜好是否包含在原来总统选举的考虑内？

吻合一体感的"喜爱"

喜欢的极致是"喜爱"（love），爱的感觉关键是如手足于身体的一体感。

罗马的圣彼得广场，两边有弧环的大柱廊，站立于其中，群众有被拥抱的生理感知，进而产生心性的同感，尤其于教徒更会想象是神的拥抱。出于这样的一体感，加上认知上广场所处的梵蒂冈在其宗教中的重要性，教徒们都表现出对它的喜爱。

例如：20世纪现代建筑的先驱之一勒·柯布西耶（1887-1965），曾表述对帕特农神庙的极度倾心，在于"帕特农神庙有纯洁和不可增减的造型、精准的关系所营造的和谐，塑性的光与影的构成，坚决如机械的模塑等特性，而其宁静与永恒更超然于凌乱的俗世"；解读者发现，清晰、精准、诚实、和谐、机械效率等价值观以及对人存在于世的悲剧观等，都是勒·柯布西耶表现于其写作和建筑中的取向。因此，勒·柯布西耶对帕特农神庙建筑现象的喜爱是必然的。

这个解读，针对某一个人的价值观，判断和验证这个人对该建筑现象的喜爱或表达的喜爱，是一个成立的喜好侦察的评价。

评价（价值）
- 素质评价: 素质
- 资格评价: 创新性
- 喜好评价: 受欢迎性

喜好侦察

喜好侦察是判断建筑现象相对于参考对象的受欢迎性。

侦察方法可以是间接的辩证、或直接的问询、或以民调来统计。

受众的喜好本身是附带价值观的, 与建筑现象的素质、创新性没有必然关系。

参考对象

设定参考对象为单个、多个或更大群体的表演者、观察者或解读者本身;

了解参考对象的取向或价值观:

由松散的个人喜好到严密的哲学或思想系统。

侦察

评定这些取向或价值观与下列事物的吻合度:

建筑现象描述中所侦察到的特性或表现、或解释中对解的比较或内容解释。

评价

与大群体参考对象所认为的正面价值取向吻合的,

评定为相对"好的建筑"(good architecture)

("这里的"好的"与有素质的"很好的"评价同语不同义");

与参考对象不论好坏的取向吻合的,

评定为"被他(们)喜欢的建筑"(architecture liked);

与参考对象的取向达到高度一体感地吻合的,

评定为"被他(们)喜爱的建筑"(architecture loved)。

这里的好、喜欢、喜爱都可以有不同的程度, 与它们对立的评价亦然

(bad architecture, architecture disliked, architecture hated)。

如果表演者或观察者已随意表达了对建筑现象的接受性,

解读者的喜好评价可以视为一个验证。

第二解读

无论是随意的或专门的解读，都常引起对解读的正论或反论，这些正反论是在解读原解读，区分为"第二解读"（Second Reading）。

第二解读，也划分为对原解读的描述（了解重点）、解释（比较、赋予内容）、评价（成立性、创意与价值、于特定受众的接受性）。

任何建筑解读，如果能首先理解它主要是描述、解释或评价的操作，便可知其重点是针对建筑现象的内在特质（描述、比较解释）、建筑现象实在的价值（素质、资格评价），还是偏重解读者的个人发挥（内容解释）、诉说某人的偏爱（喜好评价）。这个理解对判断该建筑解读的价值是非常有用的。

第二解读中常出现的过激表达，主要归因于第二解读者的喜好与原解读者的喜好不符，但第二解读者的喜好，不能推翻原解读的成立性。

例如：

勒·柯布西耶对帕特农作的一个解读：

"……帕特农，一个可怕/惊人的机器（a terrible machine），在这里支配着广大的土地，远看犹如一个面对海洋的立方体。"

（写于《东方之旅》的游记中，于后来《走向新建筑》一书中明晰，并将帕特农与汽车的图片并列。）

查尔斯·詹克斯对这个解读作第二解读：

"勒·柯布西耶所说的惊人，是指如机器般的清晰与坚决的诚实。勒·柯布西耶这个想象，可能受到他连日来喝了太多酒（为了避免感染当时在雅典肆虐的霍乱）的激发……他后来第一张纯粹主义的绘画，按他本人的话，是对当年在帕特农圣山经历的抽象描绘。当时的勒·柯布西耶，内心有两个形态与意念在挣扎：古典美与越来越具有支配性的机器，最后在宛若纯粹立方体的帕特农神庙中得到了平衡和解决——如果帕特农是一台机器……"

（收集于C. Jencks, *Le Corbusier, and the Continual Revolution in Architecture*）

这个第二解读，描述了原解读的重点，并对解出一个有趣的解读背景（喝酒太多）；解释上，归纳勒·柯布西耶的文字解读、照片解读和绘画表达的解读，再赋予一个行为内容（内心挣扎+解决）。

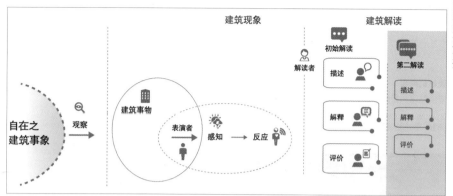

第二解读

建筑解读本身，包括观察、认知、选择、操作、结果和表达，也可以被再次解读。这是相对原（初始）解读的"第二解读"，解读者可以是原解读者，也可以是其他解读者。这个第二解读当然也可以再被解读，其结果或已离开建筑领域，此处统称为"第二解读"。

作为解读，第二解读也划分为描述、解释、评价三个操作与结果。

描述
侦察原解读的重点，找出解读的特性或某些方面的表现；
或进而对解原解读中的选择与原解读者的思想背景，视为他这些选择的目的。
解释
比较解读：有系统地将不同解读进行比较、分类，据此再作出内容解释。
评价
检视成立性：侦察原解读的素质，检视其步骤的有效性和准确性；
检视创新性：侦察原解读的资格，与其他成立的解读比较，验证新意；
检视接受性：侦察原解读的喜好，判断/验证受众的欢迎度（程度从不认可、接受到视为
　　　　　　权威），并与受众的价值取向（喜好）对照，了解受欢迎与否的原因。

成立的第二解读，与初始解读一样，描述要外在有效、解释要内在有效、评价素质与创新要外在有效、评价喜好则要外在或内在有效。

而最基本的第二解读，是阅读理解原解读的表达，或加上上述部分解读操作，是通常建筑学习的一部分。如建筑学生的学习过程中就常有大量的第二解读，并可能作出报告等表达，而老师对这些报告的评价，则是再进阶的解读。还可以有更多的进阶，但此处统称为第二解读，以区别于对建筑现象直接、初始的解读。
第二解读本身是偏离建筑现象解读以外的行为，而其解读结果有时也已是建筑领域外的内容。（注："建筑的筑建"中，超级解读者的瞰视远超第二解读者的解读）

表达

解读者解读现象后，除了达到自我的理解外，会希望通过一些认知方式将解读表达出来，以供分享、交流乃至检讨自我的理解等。最清楚或完整的解读表达，是按解读流程的顺序进行的（如下所示）。认知方式、要表达的部分、表达的顺序都是解读者意识或下意识的选择。

表达的内容

最清楚或完整的解读表达，是按解读流程的顺序进行。

例如： 前述帕特农神庙的解读者的解读表达：

Architectural style	Classical
Location	Athens, Greece
Construction started	447 BC
Completed	432 BC
Destroyed	Partially on 26 September 1687
Height	13.72 m (45.0 ft)
Dimensions	
Other dimensions	Cella: 29.8 by 19.2 m (98 by 63 ft)
Technical details	
Size	69.5 by 30.9 m (228 by 101 ft)
Design and construction	
Architect	Iktinos, Kallikrates
Other designers	Phidias (sculptor)

主题-选择（或附理由）·········> 对象-设定现象、观察、表演者·········> 介绍-作为受众的初步认知

补充-解释内容的对解对象　　摘要-现象特性、解释内容　　认知-说明认知系统

解读-描述 | 解释 | 评价

这个表达包括从选题开始的各种选择和设定，并加上摘要和补充说明，是一个完整的解读表达。

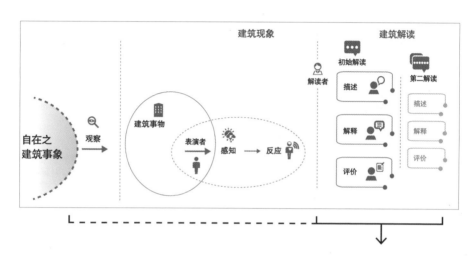

表达

表达的内容

主题——综合解读流程中的选择（或附选择的理由）

对象——设定现象所在的时空、现象观察的方法、表演者的身份

介绍——简单介绍建筑现象中一些普性参数的定量，作为解读的受众对这个现象的初步
　　　认知，但这些介绍跟其后解读中的描述可以不同或没有关系

认知——若采用非常用的认知系统，需要说明或澄清尤其是其中的假设

解读——解读的主体：描述、解释、评价

摘要——作关键词式的摘要，最理想的关键词可以同时形容或概括建筑现象的特性和
　　　主要内容解释

补充——适量补充内容解释中对解对象的说明，如某些文化思想

完整的表达近似于解读本身的流程。但是，尽管完整的表达会使一个解读更清晰，解读者
也可能会有意或无意地选择表达的内容。

建筑现象源于建筑物，建筑的解读亦以围绕这个事物进行为主。有效的建筑领域的解读应
以此为准，对关联其他现象的表现应适度控制，不应反客为主。

表达的方式

除了口述或文字外，专门解读者常会运用图表来认知建筑现象和表达解读。
一些常用图表类型：

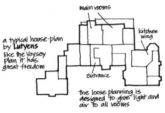

设计图和标注：

如将埃德温·勒琴斯（E. Lutyens）典型住宅平面图进行手绘、简化，突出要表达的描述，并标注说明。（B. Risebero, *The Story of Western Architecture*）

图像：

如对解藤本壮介的设计与云中观景的意象时，使用一幅日本传统屏风画作为这个解释内容的说明。（*El Croquis—Sou Fujimoto*）

列表：

如以设计取向为解释内容，将2008年金融危机后的181位新晋建筑师按11种取向分类，并将这个解读以圆规状列表的形式表达出来。[Alejandro Zaera-Polo & Guillermo Fernandez Abascal, *2016 Global Architecture Political Compass*；原图同时附注各设计取向的简介和分类的操作过程，并说明列表方式深受查尔斯·詹克斯2000年版的当代（1900年~）建筑分类列表的启发]

图解：

又如介绍形态的演进/比较/设计过程时，以简单的图块进行表达。这种形式的表达本身会于受众产生一个漫画类现象，带来明快易懂、轻松好玩的感觉。如果该现象与相关建筑现象亦能对解，便同时可以作为后者的一个解读（内容解释）。（原介绍的局部：BIG, *Hot to Cold*）

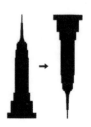

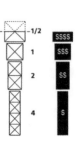

表达的方式

建筑现象的解读,会使用一般、专门、特别或解释的认知系统(见本章*解读者/认知*的论述)。表达解读时,解读者也会使用这些系统,而最常用的是语言与图表媒介。

语言

语言词汇是最常用的认知系统和表达媒介。

但建筑领域中有些词汇的使用,要注意区分是形容词还是解释的内容。

例如,从绘画和雕塑领域而来的"简约主义",最开始(约1965年)是作为一个建筑解释的内容,用以对解某些建筑的整体性格。之后经过一段时间的使用,已习惯为大众的心理图式,"简约主义的"已可作为认知建筑现象、或描述现象特性时使用的形容词汇。但词汇本身可能会随年代发展出新的意思,"简约主义的"也可能会重新被用作解释的内容,而不是直接的形容词。

词汇的"身份"越明确,解读的接收便越清晰。

图表

常用图表类型:

设计图

建筑师提供的设计图,经过筛选和编辑后,是表达解读时的重要辅助工具。

说明图

本身也是建筑师的解读者,有时会于认知、表达解读时在原设计图上作出标注,乃至自绘说明图(如概念图、构思演变图、形态演进系列图)。

图像

图像如照片是最直观的表达方式,尤其于表达比较或内容解释时,若以图像介绍相关比较对象或对解内容,则更为直接、清晰。

系统图表

一些专门解读者,更有可能会使用系统性分析图作为认知工具和表达解读的方式。这些图表,若是源于一个特别认知系统的,便需要先作介绍说明,包括系统本身的假设、成立性、架构、数据资料的输入方式等。

此外,若表达形式很有特色(如浪漫、超现实、有趣等,常见于建筑师的设计理念类解读表达),图表现象或会成为相关建筑现象的解释内容,前提是两者的对解能够成立。(见后述"解读的问题"/*对表达的混淆*章节)

粗看这幅画后，有人会对当中的建筑进行解读，

若他以城市夜景为现象的主体，便是与其他细心的解读者解读着不一样的现象；

若他将自我代入空间中，指出他看到真实的城市夜景，这便与该空间内客观的表演者的了解有所不同。

……

针对一个建筑事象，解读时不明晰要解读的现象、不指定表演者的身份，或混淆解读者与表演者的认知，是前提的失误。

平均的解读者，会将带有特色拱顶轮廓和涂装的室内作为现象的主体。

有某解读者，描述"拱顶的高度类似于哥特式教堂尖拱，在夜晚立于空间中会产生高层建筑夜景的错觉"。

然而，该现象内没有客观的尺度参照，这种错觉能否产生，亦取决于表演者是否在空间内有足够的距离等。而这个错觉，是表演者的错觉，还是这幅画使解读者产生的错觉？；

他进而解释"这个建筑造成的错觉，好比宗教使人们产生错觉，该建筑空间是对宗教的批判"，然后以超大篇幅谈论了泛宗教的本质等。

然而，哪怕表演者能产生出对视角与形态的错觉，亦只是一种泛视觉错觉，高层建筑亦是中性景物，这些都抵消了拱顶与某宗教薄弱的挂钩。因此，这个建筑特性与任何对泛宗教的见解都没有针对性的结构相似性，亦不会因为过度补充的宗教谈论而有所改变；

他继而评价"这个建筑，必为宗教信仰者所讨厌"。

然而，这是基于不成立的解释内容、自我代入宗教群众后所作的判断。而所谓的讨厌，其所指的程度亦不明确。

此外，他基于对这个室内现象的解读，给出了高度的评价："这种错觉的建筑空间，从未被设计出来，这座建筑是很大的创新"。

他显然不知道埃舍尔（M.C.Escher）的作品，才会这样评价这个后来的"魔幻现实主义"（Magic Realism）[1]的创作。然而，即便他知道埃舍尔的创作，又应如何量化其创新性？

……

解读建筑，基于无效的描述或解释所作的评价、不考虑现象中一些效果的抵消、不明晰语言的使用、或混淆解读结果与表达本身，都会导致结果的错误。

而评价建筑，除了需要丰富的建筑知识外，亦需要能够量化或更为客观的方法；

此外，面对象上述一个不一定可建的建筑物现象，评价的态度又应如何把握？

这些都是建筑解读的问题，下述为问题的明晰、应对的态度，以及一些解决方法。

---

[1] 一般对此画作者罗伯特·刚索维斯（Robert Gonsalves）风格的命名。

所有对建筑的理解，能够成立的都只是有效的解读而已，不等于自在之建筑事象的本质或全部，这是理解乃至知识的界限。在这个界限以外，解读者有可能在解读流程中，出现操作错误的情况，产生相对不准确的解读。

从前提看，解读的对象，是解读者观察某自在之建筑事象所产生的建筑现象。
常见的问题是，他具体解读的，是否为另一个观察所产生的另一个建筑现象。
同样，解读者所设定或假定的表演者下的建筑现象，亦不容混淆为其他表演者下的现象。

从结果看，解读是否成立，在于解读的操作是否有效，可以通过审视解读者介绍的解读操作过程、或直接审视其解读所反映的操作来验证。

从受众看，解读者的表达方式和形式，会影响前者自身对解读结果的接收、乃至对解读对象的评价。解读者与受众皆需要清楚地区分解读结果与表达本身。

跨越各解读环节的，是解读者采用的认知方式，以及解读操作必然会面对的抵消作用。
认知上，语言是最基本的方式，亦因其暧昧、多义、相对性等本质，最容易产生误会。此外，解读者采用的认知模式或参数，亦容易与其解读的结果混淆，如后述的"空间"一词便是很好的例子。
不同建筑事物，可以产生同一个反应，而产生的结果可能是正面或负面的。其他如内容解释的对解亦然。很多时候，最终的结果就是这种抵消下的结果。问题是，如何将抵消作用相对准确地量化？

解读中，评价解读最容易产生误会。最常见的问题是，混淆不同人/人群的价值观、将客观的素质/创新与依附价值观的喜好混淆。
此外，评价建筑的创新，往往是通过评比建筑现象、甚至是最大范围的投票来进行，那么各人的衡量应如何客观地进行？

观察的误导

普通的方盒子建筑物，摆拍后是一个戏剧化的建筑现象——想象其中表演者的震撼体验……

我们当然可以解读这张照片本身，但如果把这个戏剧化现象视为这个自在之建筑物的普性现象，解读就会是一个误导。

表演者的身份

不清晰的设定：

比如在建筑符号认知的解读上，作为解读者，建筑师或建筑评论家所作的描述，很容易不自觉地以拥有建筑知识的成年人作为表演者。即使真实对象不是孩童这样的极端情况，表演者的身份设定对解读的准确性而言也是很关键的。

浪漫化的代入：

比如对条件落后、异地、远方的聚落，建筑师常会有浪漫化的代入，解读自己作为表演者的反应等，但这种解读容易遇到真实生活其中的表演者不认同的尴尬。过于个别化的表演者设定，其解读结果哪怕很准确，也缺乏参考价值。

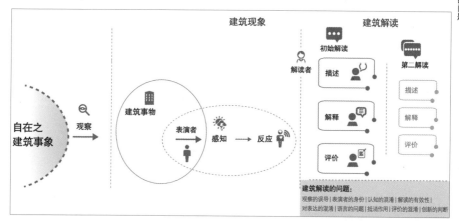

解读的问题

观察的误导
比如一个偏向的摄影角度，便可以误导观察者，产生有偏见的建筑现象。当然，这亦可能只是一个解读者的故意安排，为达到某个解读结果。但这是一个观察问题，而不是对现象认知的问题。

又如，某解读者只在一个罕有的冬夜里观察一城市，解读时却把这一特定现象的描述看作城市常有的特性。

准确的解读，应基于一个通过客观、尽量全面的观察所得的建筑现象。其中，观察表演者的感知或反应，客观的方式是细致目测、问卷、心理推断和统计等近科学方法，这是目前客观性的上限。

表演者的身份
比如以成人的认知作为幼儿的认知来解读儿童的符号反应，解读便不准确。解读时，表演者的时空属性和赋性必须明晰。

作描述和解释性解读时，解读者只需指明表演者的一个设定，便可明晰要解读的建筑现象。而作资格评价的解读时，是将建筑现象与所有过往的现象比较，其中各过往现象中的表演者，就须设定为各过往时空中的身份。

碍于实际观察的困难，建筑现象的表演者很多时候只是解读者的自我代入，所以解读者的客观性便很重要。

认知的混淆

比如建筑解读中，对"空间"一词的认知比较繁杂。首先，建筑事物不能与表演者的感知反应或内容解释混淆：空间是一个建筑事物的参数，感觉等是表演者反应的参数、存在（主义）等是从其他领域而来的内容。如这个多块三角面轮廓的空间（左图），触发强烈的兴奋紧张的情感性反应，两者对解，可描述为"感性感觉很强的空间"。但若延伸地表达为空间有一类"感觉空间"，将其看作空间的次参数，便是把建筑事物与反应混淆，因为空间本身不具有感觉属性。同样，在描述这个迷幻存在感的参数化几何空间（中图）时，也不能延伸表达为空间有一类"存在空间"。至于如"网络空间"（右图），只是借用"空间"一词而已，因为网点之间的电子网络，已与"空间"的常用词义不同。

认知的混淆

若将用来认知现象的参数与解读的结果混淆，常会导致错乱的解读。因此，解读时现象的认知参数必须要被清晰地使用。例子："空间"一词的诸多误解。

一些常见的有关空间的表达：

"空间分感觉空间、社会空间、思维空间……"

"空间有不同概念，如存在空间、相对空间……"

"空间的新概念，如网络空间……"

"建筑空间是? ……空间的概念很深奥！"

"空间"是建筑事物中"形"的一个参数，指空的三维。大多数建筑都有这个参数，这个参数可用大小、比例、围合性质、关系等来量化。某一定量的空间，会引发表演者感官性、感知性、情感性或心灵性的感性反应。解读者可以解读这些空间的定量与反应。

在分类解释的解读中，可能会分辨出一些如"感觉反应很强的空间"组别。但如果上述"感觉空间"是指这种组别的空间，表述便不够准确；如果"感觉空间"是指空间的一个支参数，这是不成立的，因为空间是形态的参数，感觉是反应的一种，两者没有从属关系。

在内容解释的解读中，会对解一些建筑以外的领域，如存在主义、相对论时空观、电子网络世界。这些是赋予某些建筑空间的解释内容。但如果上述的"存在空间"、"相对空间"是指"空间"分别加上对解内容"存在主义"、"相对论时空观"，这种表述便容易被误会为"存在"、"相对"是空间的一个量化或参数，而这两方面如上所述亦是不成立的。同理，如果上述的"网络空间"是指广泛的已知或未知位置的网点，但网点体验是通过电子媒介终端如屏幕产生的(即虚拟的)而非直接身体性的，那么"网络"就是体验模式的表述，"空间"更多是一个借用词而不是指具体的"空的三维"。这不是建筑空间的新概念，只是"空间"一词的新应用。

把空间参数与表演者的反应或解读者的解释混淆，会产生不准确的解读或让人误会的表达。这是认知与解读的混淆，而非深奥。把"空间"指定为一个中性的形态参数，可以使解读与表达更清晰。

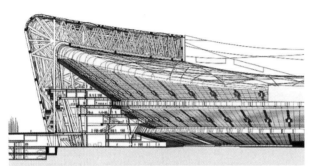

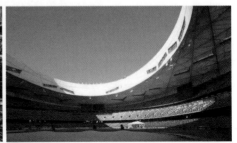

解读的有效性

比如有建筑评论家在评价北京奥运主场馆时，指出"看台是独立混凝土结构的，鸟巢状的巨大钢结构实际上不起结构支撑作用，鸟巢仅仅是个图案而已，这个建筑师是不是也太疯狂了。"其实，自罗马时代以来的这类场馆，看台通常都是独立的，同时也是无遮掩的。及至现代，各种新结构的出现让建造遮阳挡雨的大型篷盖成为可能，鸟巢钢结构的作用也正在于此。作为解读的开始，描述必须要有效，否则按此所作的解释或评价便不能成立。

解读的有效性

解读操作上，描述的目的是要找出某建筑现象内在的表现或特性，结果是相对有限的，而且必须是客观或事实性的，否则描述便无效。

解释是把某建筑现象与其他建筑的描述进行关联，做出外在的建筑比较；或与某些非建筑现象的描述进行关联，作为外在的内容。其中，关联对解必须能够通过逻辑辩证，否则解释便无效。

评价是要找出某建筑现象的客观素质、创新性，或判断相对于指定人/人群的受欢迎性。素质、创新性的判断必须是事实性或客观而且是普性的，受欢迎性的判断必须要针对指定人物人群，否则评价便无效。

解释与评价都要基于描述，无效的描述会导致无效的解释与评价。

针对某建筑现象，按其可能性、解读者的知识与联想力，解释可以是无限的。例如，将一块普通的石头交予大建筑评论家，他也可能为之写出一本评论。很明显，素质和创新的评价，是基于建筑现象内在的表现或特性所进行的描述，而不是基于外在的内容解释。那块普通的石头绝不会因丰富的内容解释而产生素质和创新。这是不容混淆的。

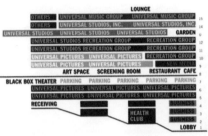

对表达的混淆

比如这个电影公司的总部办公楼设计,建筑师的方案介绍除文字以外,还运用了丰富的图表、别致的拼图和模型等方式表其对课题、理念、设计过程等的解读。很多建筑学生觉得这个表达形式很酷(约指带有反叛色彩的潇洒感)、很复杂,从而将这些感觉延伸为建筑师的解读内容之一,乃至成为受众自身对这个方案的解读。

客观审视这个建筑方案的主要特性:整体是一个半抬升于小坡地、其上几乎为重复分层的长方体体量和一些屋顶塔楼;功能上,于办公层间插置了开放共享的餐厅层、经营会议层、健身房/大堂错层;内部空间基本是均质的现代办公空间,并辅以4个指定的围合弹性功能的小型空间及交通核(以虚拟、交通、交杂、行政命名);外立面配有切开幕墙的共享层全玻璃面/退墙,室内含有多样的时尚铺装材料。

针对总部类型,建筑师重点强调的功能分布与空间特性,是一个原则上理性、并不复杂的答案;而除了相对次要的装饰面料外,方案整体与酷的表达形式亦不对应。解读的受众,必需明晰解读结果与解读表达的区别、审视任何解读的成立性,不然便自行地为设计者错添了一个复杂、酷的空间/功能理念。

(方案介绍:A+U—OMA+UNIVERSAL;*El Croquis*—OMA Rem Koolhaas)

对表达的混淆

除了解读者本身要区分认知参数与解读结果（见本章*认知的混淆*的论述）外，受众亦要认识到表达本身与解读结果的区别。

例如，设计理念类别的解读（详见后述"解读的类别"章节），作为解读者的建筑师，在表达时多会侧重以图表为媒介的认知系统。其中，如炫目的图或影像、复杂亮丽的图解、抽象精致的数据表等，作为纯粹的图像，其画面与叙事风格或已会触发独特的感觉。对于要表达的解读，这样的图像本身便容易被视作相关建筑现象的解释内容（如酷、逻辑性、虚幻、超现实）。但关键是，这样的内容与相关建筑现象的对解需是成立的，否则这只是受众自身的混淆乃至解读者的误导。

语言的问题

语言是约定俗成的工具，然而约定的参与者并不受限，故此语言很难有绝对的准确理解，更不用说翻译上不同语言各自的约定。在这个前提下，为尽量使解读能够被清晰地沟通，可注意一些语言的使用：

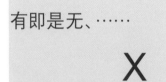

使用有共识的词汇：

很多看上去很玄奥的经典词汇，只是极度简约的结果，如"有即是无"，是把"有"和"无"后面的宾语删掉，这样带来的过度广泛的应用性，已使这个词汇失去了一般沟通的作用，更多只是借题发挥的个人想象而已。解读的表达，词汇应有共识，含义应尽量清晰。

澄清词汇：

描述这个以纤细、高密、不规则分布的钢柱，加上实虚重复的顶棚韵律构成的空间反应，容易使用"绷紧"（tense）这个形容词。但对日本人来说，这并未达到绷紧的程度。这一认知的不同，其原因不只是民族赋性不同，亦有形容词的使用差异。表达解读时，除了要指出表演者身份外，最好亦能指出重要形容词的使用参考，如"按西方的惯性使用"等。

使用现象形容词：

无论哪种语言，面对繁多的事象，形容词显然是不够用的。
例如，描述上例的"绷紧"，可以借用如日本能剧的绷紧感来量化其程度和感觉。这是"现象形容词"的例子。（注：现象形容词不等同于表演者的联想，原则上亦不是内容解读）

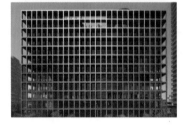

全面的明晰：

形容词或词汇有一定的相对性，因此事先铺陈相对的背景，会使理解较为清晰。
例如，描述这个立面紧凑感的程度，设定在日本建筑普遍紧凑的表现中，它是相对放松的；而设定在西方普遍放松的表现中，它便显得有些紧凑。

语言的问题

形容词的限制

建筑解读和表达多数以语言为认知媒介，其中形容词是重要的语言工具。语言有相对性和暧昧性的本质，形容词汇显然不足。例如：

"这个女孩子很动人！"

"这个空间很动人！"

同一个人在形容感觉，但这两种情况下的"很动人"感觉是否一样？其感觉程度是否可以比较？

若作出"很动人"感叹的是两个人、或更多不同种族、不同文化背景、或不同时代的人——在他们的脑组织中是否会引起同样的生化反应？

思维是以语言为媒介的。除非可以像测量体温般量化所有身体反应，否则，感觉仍只能以语言来形容、表达——一种大约的共识和沟通。

语言的不确与不足，限制着解读的操作与表达。下列是建筑解读中的一些补救方法：

使用有共识的词汇：

解读者必须明晰解读受众的语言共识。同时要理解，与人沟通的清晰度是有上限的。

澄清词汇：

尽量指出词语的参考点和层次，以及形容词的相对点。

例如，描述日本建筑常见的紧张感特性时，指出"紧张感很强"，便须说明这是相对于西方建筑的一般成见而言。

使用现象形容词：

为补充形容词的不足，可使用"现象形容词"。但功能上，现象形容词仍是形容词，不应与解读的解释内容混淆。

例如，描述日本建筑的紧张感时，可以附加其他带有类似紧张感的日本艺术现象的例子，来明晰这种紧张感的性质。

全面的明晰：

使用词汇或语言表达解读时，辅以较明晰的背景，即"抵消作用"或比重的铺陈。

例如，描述一个形态有强烈对比的主要特性（而不是整体特性）时，明晰为"大部分是强烈的对比，同时有少量的相似性"；

同时，描述时应兼顾相关的背景特性，例如，明晰一个形态为"于日本建筑常见的不稳定性中，有着强烈对比的特性"。

但这些以背景作为词汇的明晰方法，原则上应与解读的比较解释区别。

抵消作用

美感可以从建筑现象的体量、光影、色彩等形的不同方面产生；反之，比如色彩可以触动美感、符号认知、情感性等不同反应。一个极致的格式塔造型会产生美感，但它的脏乱色调却会弱化这个美感。

建筑现象的描述和内容解释中，各种参数与定量的对解，显然都不是一对一的，而且有着互相抵消/增强的结果。

建筑解读中，"抵消作用"（trade-off）是很重要的操作要点。

建筑事物与反应的对解上

例如，巴黎的新凯旋门，整个体量轮廓（如从正侧面看）是很压抑的，而门洞（如从正面或偏正面看）则有开放感。

在压迫感反应上，新凯旋门的整体表现是开放感大于压抑感，这是门洞的效果抵消了一部分体量轮廓的效果。

次参数对母参数的重要性上

例如，这个游泳馆空间，舒适度取决于冷暖感、轻快感、卫生感、起唤感、尺度感等。

舒适度作为一个主参数，其他感觉是它以下的次参数。

在这些次参数没有极端定量的情况下，对于游泳者的活动来说，冷暖感是舒适度中最重要的。

现象特性与解释内容的对解上

例如，按"自由"这个内容考虑，扎哈·哈迪德的 Heydar Aliyev Center 公共空间，畅快的情感（从白色全弧面轮廓的大空间而来）所演绎的自由，部分被生理上的定向感（由单轴空间、室外延伸的低垂顶棚引起）的局限抵消；藤本壮介的 House NA 空间，活动多样性（从平、竖向上的多层次空间而来）所演绎的自由，部分被私隐缺失以及被视（由大面积玻璃轮廓面引起）的不自由抵消。

抵消作用

一个解读者可以只选择某个他偏好的建筑事物参数，并以描述这个参数的定量作为他要解读的全部。但当他想解读一些反应的产生时，便不能只按偏好选择对应的建筑事物参数，因为多个建筑事物参数都可能产生这些反应——正面的或负面的。结果是，建筑事物的参数间可能互相强化这些反应，也可能互相抵消这些反应。因此，要准确描述建筑现象的一些反应特性时，解读者必须考虑所有关联到这些反应的建筑事物参数，才可以判断这些反应的最后定量。这亦适用于建筑事物、感知、反应各自的参数对解。

同样，在内容解释中，建筑现象的多个表现都可能对解同一个内容——正面的或负面的。因此，要准确判断最终的内容定量，便须考虑所有这些表现的强化或抵消作用。

建筑事物-反应的对解

一个建筑现象中，不同的建筑事物参数可以产生正、负以及不同比重的某些反应，例如：

形的"大小"和"开放性"对应反应中的"压力感"，

大的形（正）会产生大的压力感（正）；

开放的形（正）会产生放松感（负）。

次参数对母参数的重要性

一个反应参数会有次参数，不同的次参数对母参数有不同的重要性，例如：

对"环境舒适度"这个生理反应来说，在没有极端定量的情况下，它的次参数中，"冷暖感"便比"光视性"重要。

现象特性-解释内容的对解

一个解读中，建筑现象的不同表现可以产生正、负以及不同比重的解释内容（包括建筑性格的形容）。

正负方面的，例如：

"压力感"和"空间行为的多样性"对解人文领域的"自由"，

大的压力感（正）解释为束缚（负）；

多样的空间行为（正）解释为很自由（正）。

比重方面的，例如：

按照"身体性在自由中的比重大于感性和理性"的共识，

"空间行为的自由度"便比"视野开阔性"在对"自由"的解释中更有决定性。

抵消作用的侦察原则

现象与解读	P_i = 建筑事物参数
	R_i = 反应参数(相对的母参数),r_i = R_i 的子参数
	D_i = 描述要素(P或R的定量、P−r的对解)
	I_i = 解释内容的要点
定量	W_i、X_i、Y_i、Z_i (i = 1, 2,……) = 参数/要素/要点的定量"单位"
	a、a'、b、b'、c、c'、d…… = 正或负值的"量"

侦察抵消作用

(为简化说明,设定i=1,2两个数值)

例如,不同的建筑事物参数P_1、P_2及其定量,触发子反应参数r_1及其定量:

$P_1 = aW_1$ --------> $r_1 = a'X_1$

$P_2 = bW_2$ --------> $r_1 = b'X_1$

$P_1 + P_2$ --------> $r_1 = (a'+b') X_1$

若a'为正数,b'为负数,或a'远大于b',对r_1来说,P_1抵消了P_2

例如,不同的子反应参数r_1、r_2及其定量,决定母反应参数R_i及其定量:

$r_1 = cX_1$ --------> $R_1 = c'Y_1$

$r_2 = dX_2$ --------> $R_1 = d'Y_1$

$r_1 + r_2$ --------> $R_1 = (c'+d') Y_1$

若c'远大于d',对R_1来说,r_1抵消了r_2

例如,不同的描述要素D_1、D_2及其定量,对解解释内容要点I_1及其定量:

$D_1 = eY_1$ --------> $I_1 = e'Z_1$ (此处假设D为对R的描述)

$D_2 = fY_2$ --------> $I_1 = f'Z_1$

$D_1 + D_2$ --------> $I_1 = (e'+f') Z_1$

若e'为正数,f'为负数,或e'远大于f',对I_1来说,D_1抵消了D_2

实际操作

上列定量单位的关系,如Y_1,Y_2:

$Y_1 \rightarrow [e'/e] Z_1$;$Y_2 \rightarrow [f'/f] Z_1$,因此$Y_1/Y_2 \rightarrow \beta$,$\beta = e'f/ef'$

操作上,通过β的设定,Y_1与Y_2可以转化,落实$D_{1,2} \rightarrow I_1$,得到I_1的最终定量。

抵消作用的量化

考虑这些抵消作用时，需要面对比较的问题：

不同参数有不同的定量单位，它们之间如何量化比较？

不同参数又产生不同比重的作用，如何量化它们的效果？

这些比较的基本原则，可见左页图表。

表中的定量单位，不一定是如重量般可以科学量度的。更多的是基于心理、统计和概念性的，如"压力感"的幅度、"自由度"的衡量等。实际操作上，也不容易将所有单位数字化。

但通过这些原则，可明晰对"抵消作用"的考量，以达到相对更客观和准确的建筑解读。

建筑评价的混淆

对建筑现象的评价，喜好的表达是最个人、最自由的，但亦容易混淆客观的素质与资格判断，例如因为个人喜好而否定一个建筑的创新。此外，所表达的喜好，要明晰是代表个人还是他人，这于设计竞赛的评委而言尤为重要。

价值观的混淆

北京CCTV新台址，在造型上，运用超大尺度、非线性几何形成不可思议的视觉效果；在高层建筑布局中，它以三维环形的一体化组织代替常规塔楼群，这是该类型上的一个突破，是它的一个客观的资格。（当然，如同很多设计突破一样，CCTV新台址在这方面亦有近似的雏形先例，如彼得·埃森曼于1993年设计的 Max Reinhard Hau方案）。

然而，从2002年方案中标公布一直到建成后，CCTV新台址依然受到不少中国民众和建筑界的质疑，负面评价集中在其安全性、品味倾向、造价、选择标准方面。这些价值观本身没有对错，关键是要判断CCTV新台址是否真的与这些价值观不符，或者这些价值观是否都是普性的民众价值观。

评价的混淆

素质、资格与喜好的混淆
一个建筑现象的素质和创新性是不附带价值观的。
一个建筑现象的受欢迎性是附带价值观的。

设计竞赛的评审：
例如，评价建筑设计竞赛的作品时，除工程项目的一些基本表现（如可建性、经济指标等）
要与设计要求进行评比外，评委还要挑选：
创新的建筑、
他们喜爱的建筑、
他们推想或代表的某些对象会喜爱的建筑、
抑或是既创新又受到喜爱的建筑？
竞赛条件或评审指引若不加以说明，便常会产生混淆不清或有争议性的结果。

"好建筑"的评价：
例如，经常会有"好建筑"的评价。
这是指有素质的建筑、受喜爱的建筑，还是因为有突破而被赞叹为好的事情而已？
"好"，或其他形容词汇，在没有说明背景的情况下，是一个不好的评价用语。

建筑评价与领域共识的混淆

建筑可以不是"凝固的音乐":
在"建筑是凝固的音乐"这一表达中,由于
"是"有着过于决定性的意思,使得这个个
人或多人的喜好(有音乐般韵律的建筑),
被放大理解为建筑的一个普性甚至绝对的
条件。事实上,可称为"建筑"的,只需要
具备建筑领域的一些共识参数,而不需要
某些参数的某些定量。

建筑不会灭亡:
雷姆·库哈斯(R. Koolhaas)在2000年接受普利兹克奖时指出,
1950年的时代,建筑是形成于社会、政治、城市等宏观主题的
意识形态;而至2000年,建筑已是完全市场经济主导下个别建
筑师的发挥,城市、共存等宏观课题已被放弃。然而2000年前
后开始,建筑师却面临着前所未有的挑战:快速发展的数字虚
拟世界,创造着建筑师无法实现和想象的乌托邦、社区,而建筑
已成为概念、组织、形态的象征——建筑已被数字解放。他提
出:"除非建筑师能不再依赖真实,重新承认建筑是一种从政
治到实际的广泛性思维,并解放对永恒的憧憬,转而考虑贫穷、
自然的破败等迫切的课题,否则,'建筑'可能不到2050年便已
不复存在。"
其实,只要躯体性的人依旧存在,"真实的"建筑事象也一定会继
续存在;建筑现象从来都包含未建乃至虚拟的建筑物;意识形态
是广泛多样的,但于建筑而言也只是对建筑现象的内容解释……
雷姆·库哈斯的宣言,更多是表达对某类解释内容(社会、文化
等严肃课题)以及隐指的能与这些内容对解的多类建筑现象中
的某一类(如他的拼合性的建筑风格)的偏好。这是典型的迂
回地将个人喜好与界定建筑领域的大众共识混淆。

喜好与建筑领域的混淆

建筑的"条件"：
例如，"建筑是凝固的音乐"的说法。
首先，时间是音乐的重要元素，音乐不能真的凝固，故"凝固的音乐"只可看作强调某些音乐要素的表达。音乐的主要要素之一是韵律。若是以音乐的韵律性和从中产生的情感来对解一些建筑现象，作为解释内容，这是可以的。
但"建筑是凝固的音乐"的表达和广泛接受，像是为建筑设立了一种广泛的指定性：建筑必须有韵律。
那么，建筑为什么一定要有韵律感，乃至一定要有情感？如果绘画一定要求和谐构成，便不会有毕加索！
重要的是，某个内容解释与某些建筑现象可以成立对解，但建筑与内容解释是没有必然和必须性的。
如果把这个说法改为："很多人/我喜欢有音乐般韵律的建筑"，
那么，即便说法不够动听，建筑的可能性也不会被某些带价值观的喜好所限制。

建筑的"定义"：
又如，很多时候，建筑师会对建筑作出宏观的表述，
现代建筑先驱勒·柯布西耶曾说："建筑是一些搭配起来的体块在光线下的辉煌、正确和聪明的表演。……"
表达上，与"建筑是凝固的音乐"有类同的对建筑的指定性，
但这其实只是他个人所喜欢的建筑形态或效果而已。

创新程度的判断

建筑现象资格的评价，可以说是最重要的建筑解读，因为这将明晰建筑创新带来的进步。

其中，除需要丰富的横向与纵向的建筑知识外，创新评价的操作亦需要下述的基本判断依据。

此外，创新评价的结论，会形容建筑为创新的、有突破的、伟大的——哪怕能指出建筑是有突破的，也有大突破、中突破、小突破之分……这些都是判断创新幅度的问题。这也是一个共识的问题，共识背后，是一些衡量创新幅度的基础。

参数的可更换性

一件家具相对于一个建筑，是最容易替换的事物，其创新度亦相对有限；

墙上的涂料、玻璃的颜色，是可更换的事物，一般需要建筑物发生一些改变来配合，其创新度可以有一定的幅度；

而形态的几何改变则可能需要结构、外轮廓、构筑、设备乃至材料的改变来配合，其创新度可以很跳跃。

一个建筑事物参数，于建筑想象或真实建成后，是否容易更换和改变，一般而言可作为判断该参数所能达到的创新度的依据。

定量的强度

如上所述，一些参数更易达到高创新度，但在一个建筑现象里，比它们低序的参数，只要有足够的强度，也可以带来很大的创新度。例如，城市中偶有的红色小楼，只是一点突出，但若整个城市的建筑都改变为红色，便是一个突破。

创新的判断

创新的建筑现象，其特性比所有已知建筑现象拥有更新的参数或定量、更强的参数层次或定量、更有深度的感知与反应唤起、更广泛的参数或定量涵盖面，且整体表现具有强烈的一致性。

按其创新的幅度，可评价为创新的、突破的、伟大的建筑。

形容词是对创新幅度的共识表达，最关键的是如何衡量创新的层次和程度？

最理想的，当然是通过大量专门解读者的判断来综合衡量。若非如此，各解读者也应持有客观的态度，通过广泛的比较来做评价。

在评价建筑事物的创新程度时，可参考下列衡量方式，这些方式是综合建筑领域中较有共识的创新幅度而归纳的。

参数的可更换性

一个建筑物建成后，要改变或更换它整个形态的形状一般是很困难的，因为形状牵涉如结构等诸多方面，但是，更换外墙油漆的颜色则要容易得多，因此形状参数的层次便比外墙色参数的层次更高。

高层次参数带来的创新比低层次的要大，因此可更换性越低的形态参数，创新的可能性亦较大。

但这个衡量并不包括对这些形态参数所产生的反应，亦不能因此而忽视较低层次参数的重要性。

建筑事物按可更换性由难至易的主要参数排序：
－实体的几何/结构/空间的几何
－实体的开口、光的控制/与地脉的关系
－轮廓面的表面性质/工程项目（功能和使用者，即建筑类型）

定量的比重

显然，定量的比重可以抵消参数创新层次的排序。

例如，中度定量的"形态"创新可能比不上一个全新的"建筑类型"的创新。

又如，外墙有一个新的色调只是很小的创新，但当一个区域甚至一个城市的所有建筑物外墙都涂上这个颜色，这个定量的范围便是极大的创新。

定量的层次

如这些几何定量中,线性是最高的层次,它可以涵盖其他几何定量。

包涵性越高的定量,可能产生的创新度亦越高。这不仅限于形态几何,亦体现在其他的建筑事物,例如结构、设计工具。

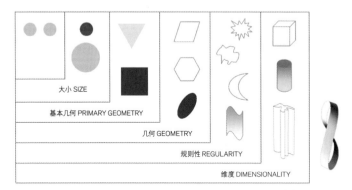

例如,对于概括不同时代的建筑风格,针对建筑单体中实体或空间的几何形状和围合性,察看其中几何定量的发展:

埃及的三角形、希腊的长方形(木造屋顶以外的长方体量)、古罗马的圆形(球或拱),体现古代建筑是围实的"基本几何"(图1-3);

拜占庭的球形与平面方形叠合,体现信仰时代萌芽期的建筑是基本几何的叠加;罗马式在修长的长方体上叠加圆拱,体现发展期的建筑是基本几何的细长化;哥特以尖拱取代圆拱,在成熟期追加了线性轮廓和规则的"非基本几何"(图4-6);

巴洛克的椭圆(体或线),体现人文主义时代巅峰期的建筑是塑性轮廓的"非规则的几何"(图7)。

现代主义的基本几何,体现其普及期可透可实、简约的规则的几何和可超高可悬浮的"维度性几何"(图8-10)。

新现代形状上任意、片段、拼组、拓扑、参数化等,是在仍为普性现代的20世纪末以来的时代中体现"非线性几何"的尝试(图11-13)。

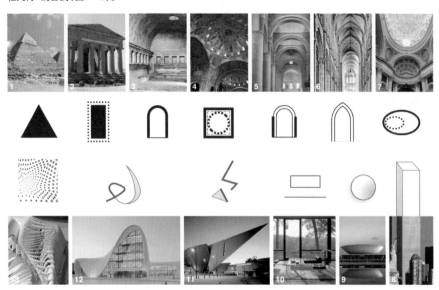

定量的层次

例如，形态几何参数的定量：

当前人都在画同一正圆形时，有人改画大一点的正圆形，是一个创新；

不再画正圆形，而画正方形或正三角形，是大一点的创新；

不再画基本几何形状，而画多角形或椭圆形，是更大的创新；

不再画规则几何形状，而画不规则形状，是一个突破；

不再画封闭性的图形，而画开放的线体状，是进一步的突破；

不再画这些二维图形，而画三维的，是很大的突破；

不再画线性的三维几何，而画非线性的拓扑几何，是更大的突破；

……

定量层次越高，包涵性越大。

参数、次参数或其定量的层次，决定创新性突破的程度。

当然，相对于建筑现象的整体特性，其中各层次的抵消作用都必须加以考虑。

布局与语言

建筑物（体态）＝布局（身材）＋语言（衣服）：
将建筑物理解为"布局"（整体的内在、外在主导关系）与"语言"（实体、空间或物性的主导性质），会较容易掌握上层的创新。
布局好比人的身材、语言好比衣服——好身材无论怎样穿都能显得突出，好衣服则可以掩盖不理想的身材；然而衣服的可塑性较大，故会有更多创新的可能，也可以有更广的影响，建筑语言的创新亦然。
〔按此划分，也可以理解如建筑学生创作的"方案"（scheme）或"构思"（concept），通常只是一个布局的创作，因为创新的语言一般需要累积发展，这在学习时期是不容易达到的。语言的模仿与吸收虽然比较容易（如参数化几何），但模仿突出的布局则太过显眼。〕

建筑物特性＝方案性（布局）或方向性（语言）：
每个建筑物都有它的布局，但突出的布局不容易被模仿到别的项目或基地，因此具体的建筑布局更多是"方案性"的。
反之，同一个语言却较容易运用到不同的项目、不同的布局上，因此连贯的建筑语言更多是"方向性"的。
当然，一些突出的布局方式（如堆叠体块）也可以用于不同项目，作为建筑师的设计方向。不过，由于同一布局形式的可塑性有限，这种设计方向性容易沦为重复性。除非每个项目都以特色布局作为目标，布局（的探索）才可以成为建筑师宏观的设计方向（如OMA/雷姆·库哈斯）。
方案是有个别情况的，方向是能被普性应用的，方向更有机会成为体制（institutionalized），得到广泛普及，达到"伟大"这一最高的创新幅度。

相对创新的判断：
建筑设计邀标竞赛，其目标至少是为了相对的创新。公正的主办方应当对参与建筑师的设计方向都抱以好感，主要看哪位建筑师能做出有创意的（常说为"好的"）布局，使他／她的建筑语言得到稳定或进步的发挥。

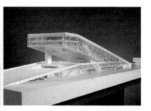

例如，2004年 Rolex Learning Center 的邀标设计，上列的三个方案，突出的都是炫目的布局——大悬挑体/大开洞体、与场地一体的大坡体，但都很近似，哪怕是专门解读者，也不能按方案顺序肯定地指出建筑师是迪勒和斯科菲德奥（Diller & Scofidio），OMA或是赫尔佐格与德梅隆！这是布局偏重方案性而不是建筑师方向性的很好例子。
而下列的两个方案，左边的布局是平庸的单栋，但体量几何与地面图案是特别的拉伸性形状，专门解读者会很容易从这个特点联系到扎哈·哈迪德当时的语言风格。右边的布局是不同于前述四个案例的满铺低层，该手法并非SANNA/妹岛和世的标签，但其开洞的不正椭圆和分布散漫的秩序，却已明显地近似于她当时日趋成熟的语言。
功能与经济等基本考虑以外，这个竞赛的设计，SANNA的布局明显地与众不同、相对创新，而其语言亦能在空间和实体上得到进步的发展。

布局与语言

将建筑物的参数综合为"布局"（massing）与"语言"（language），会有助于判断建筑现象创新的幅度。

"布局"以建筑物的整体或分块为单元，并主要归纳"关系性"的参数：

分块（大小/数量），如体量细碎化、双子式……

分块关系（时/空关系），如布林几何的虚实关系、积木式堆搭……

外部关系（场地/地脉），如全埋地下、与周边环境的新旧反差……

内部关系（功能块之间/结构–设备之间），如异常的功能重组、核心筒外置……

整体性（纯粹性/密度/……），如格式塔形态、实体开洞……

平衡性（地引关系/维度/……），如跨桥、体块错位悬挑……

"语言"针对建筑物的各个构成，并主要归纳"性质性"的参数：

实体的性质（维度/几何/形状/秩序/……/认知相关），如非线性、山型……/地方样式……

空间的性质（几何/形状/秩序/……/认知相关），如朦胧划分、塑性轮廓面质……

物性构成（材料/结构/施工/……），如全面清水混凝土、高科技细部……

在布局上创新的建筑（如挑战平衡性的错叠体量），可以抵消平庸的语言，同时较容易承受语言的替换；在语言上创新的建筑（如扎哈·哈迪德的拉伸性三维曲线），布局可以是平庸的。

布局一般是不容易替换的。

然而，语言比布局的创新可能性更多，语言的创新亦较布局的创新有更大的可能幅度和影响。

布局与语言同时创新（如勒·柯布西耶、弗兰克·盖里的建筑），是很大幅度的建筑创新。

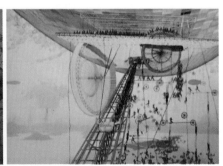

对看似"天马行空"设计的创新评价

比如评价学生作业，不应针对其看似涂鸦、具有迷人的虚幻感、不可建与可建等因素。只要表现的是有形态（空间/实体/轮廓面）等共识参数的建筑事物，便只需要通过客观的资格侦察（参数或定量的新、强、深、广；一致性）来做出评价。

例如，对这一学生作业（Joy Capacitor, Lea Valley, by Y. Saito, Bartlett, 2004）。

基于描述的特性：

一个位于伦敦 Lea Valley 上空，由人工飞行器组成的漂浮空中花园，通过收集和释放使用者们在劳动过程中产生的汗水提供热量……建筑搭载各种形式的娱乐设施，致力于让使用者们感到愉悦。

作出的评价：

"设计图：有一定质量——强化了飞行、机械的欢愉感；

创新度：Archigram/动漫常有场景类的移行建筑，较为特别的是把机械性柔化，并带出杂耍式的生活感；

一致性：生活元素、人的装备/着装、内部空间、劳动汗水转换能源等方面不够明晰，未能以此强化现象特性。因而整体上，这个建筑现象只是较有素质的表达与特性。"

这个评价中，只有客观的侦察而不带可建与否等偏见，同时图纸本身作为建筑事物的一部分，亦被作出评价。

创新、突破、伟大

建筑现象通过专门解读者的严格侦察，被评价为"有创新"的，
则可以进一步被评定为创新乃至伟大，其中在幅度上更可细分，如小突破、大突破等。

创新、突破、伟大是创新幅度上共识的关节点。一些结果性的判断点：

"创新"的建筑，通过资格侦察的，一般能引起平均的专门解读者眼前一亮的反应
（如常见于客观评比的重要设计竞赛的结果）；
"突破"的建筑，在创新之上能引发对建筑可能性的新的跳跃性认知
（如约恩·伍重的悉尼歌剧院设计，在当时触发了对建筑几何、结构、施工的重新思考）；
"伟大"的建筑，在突破之上能触发一个建筑风格的体制化、广泛普及和发展
（如勒·柯布西耶的集合住宅，引导了世界范围内现代主义高层住宅建筑的发展）。

建筑的可建性

建筑现象中的建筑物，除了现存或曾经真实存在的，也包括虚拟存在的。
虚拟建筑物可以是设计构思中，或设计完成的纯模拟存在（如以VR模拟真实）等。
在设计当时，虚拟的建筑物可以是推想可建的（如结构、设备、经济、规范、施工上），
也可以是当时技术上不能实施、不可建的。

成立的建筑领域现象，关键是建筑事物有建筑物这个共识主体，包括其核心参数——形态
（实体/空间/轮廓面），而不是已建或未建、可建与不可建的状态。
因此，在遇到表现看似虚幻的建筑图或"天马行空"的建筑构思时，
不应以"可建性"作为创新评价的前提而对之予以否定，
也不应单以表现的虚幻为前提而肯定其创新性。

处理上，如在结构上不可建，就应在结构这个参数上将其视为负量表现或缺乏新意等；而
需要判断的是，其他参数的创新是否能够将之抵消或部分抵消。

针对创新评价，只要共识上是建筑领域的现象，都应按评价解读的准则客观解读，而不应
带前提与偏见。

建 筑 事 物

范 畴	物 理	形	

范 畴

规模
- 物件
- 室内
- 建筑物/建筑群
- 微观环境
- 都市规模
- 宏观环境
- 地理性规模
- 宇宙规模
- ……

存在的时空与模式
地点
一定/设定/不定空间
完整性
整体/局部存在
历史性
原物/重建
恒久性
永存/变动中
阶段性
已建/在建/待建
物性
现存/已拆/想象的
时间性
存在的/虚拟的/时段
- ……

物 理

物性构成
成分面
- 材料 (结构材料、饰面等)
- 结构
- 构筑 (外墙、节点、门窗等)
- 设备与支援 (保养系统等)
- 自然物、物品 (家具等)
实现面
- 建设施工 (含拆卸)
- 技术操作 (材料技术标准等)
效果面
- 能源 (节能等)
- 环境控制 (光、声等)
- 经济 (效率等)
- 移动 (交通等)
- 置换性 (更改的弹性等)
- ……

工程项目
目标载体
- 类型
- 功能、需要 (面积、交通等)
人员和组织
- 业主
- 使用者 (广义的, 含路人等)
- 项目组人员 (建筑师等)
- 营运人员 (物业管理等)
管控
- 项目计划 (质量控制等)
- 经济指标
- 市场策划
- 法律规范 (资格、审批等)
- 工程机制 (国家模式等)
设计
- 设计过程 (手绘、BIM等)
- 表现媒介 (施工图等)
- 作业方式 (异地设计等)
扩展背景
- 专业训练 (建筑学校等)
- 教育 (师徒式等)
- 宣言 (设计理念等)
- 媒介介绍 (杂志等)
- 评论与评论家
- 社会环境 (政治经济等)
- ……

场地背景
基地的
- 地段地理 (坡度等)
- 物理 (土壤构成等)
- 配套 (交通市政等)
环境的
- 微观和宏观生态
- 气候条件 (日照等)
- 稳定性 (地震区等)
地脉的
- 邻地 (建设状况等)
- 地域规划 (城市发展规划等)
- 宏观的所在 (地球等)
- ……

形

主参数
空间
实体
- 点性 (含交点)
- 线性 (一维, 如柱)
- 片性 (一二维之间, 如屏风)
- 面性 (二维, 如墙、地、顶棚)
- 体性 (外三维, 如外观轮廓)
轮廓面
- 边缘/边界
- 端头
- 隅角
- 过渡 (关节、接口等)
- 开口
- ……

性质
几何
- 数学几何
- 形状
- 大小
- 比例
- 秩序
- 平衡
密度
- 界限性 (无尽等)
- 集中性
- 数量
- 重量
方向
- 具体方向
- 方向性
表面素质
- 颜色
- 质感
- 受光性 (阴影等)
- 样式
- 装饰
表面塑性
- (雕面/平滑面等)
- ……

时序关系
时间变化
- (如阴影变化)
- ……

空间关系
拓扑性
- 隔离/群组性
- 接近性
- 封闭性 (如层围)
- 贯通性
- 并置性
- 演替性
- 连续性
- 网结性
- 拼合性
几何性
- 向心性
- 平行性
- 透视性
- 轴性
数学性
- 分解性/融合性
- 代数性
- 布林性
- 线性/非线性
相似性
- 同类性
(规律化、重复、比例性递减、相同、纯粹/一致等)
- 不同性
(等级化、对比、扭曲、夸张、竞争性化、突出、混杂等)
- 对称/颠倒
- ……

时空关系
形态变化
- (如随时间变形)
- ……

关系的素质
- 秩序性 (如无序)
- 复杂性 (如简单)
- 纯粹度 (如暧昧)
- 稳定性 (如基准参照)
- ……

这是一个"建筑的筑建"总表，

摘要了"建筑的筑建"的架构与主要参数。

所有建筑现象，都涵盖在这个架构和一些参数的不同定量中。

所有建筑现象的解读，都是通过选择建筑现象中的一些参数、选择解读的一些操作而产生和表达的。

解读操作中的主要问题，都包含在表末的相关概要中。

这个架构和这些参数，是基于分析和综合已有建筑学说等建筑解读以及行为心理学的累积与最新发现。

架构是整个筑建的根本：

建筑现象=建筑事物+感知+反应；解读建筑=描述、解释、评价。

建筑事物、感知和反应概括建筑现象。

其内的参数，是"超级解读者"综合目前解读者对建筑现象的一般认知参数总结而来的一个设定，用以勾画建筑现象的内容范围。这是超级解读者的认知，不等于一般解读者对建筑现象的认知。这些参数亦会随着新的建筑现象或新的解读的出现而增减改进。建筑，有着无尽的可能性！

描述、解释、评价概括解读建筑的操作与内容。

其内的操作，由超级解读者从迄今为止的建筑解读行为中综合而来，不等于一般解读者完全有意识的操作观念。从中可见解读（特别是解释）的丰富性，一个有资格的建筑，可以不断引发著书立说的解读。因使用解读结果而引起的建筑概念，亦是无穷的。

将建筑现象延伸至整个共识的建筑类别，加上对建筑现象的各种、各层次的解读，即是建筑领域（field of architecture），也常简称为"建筑"。

注：总表中"建筑事物"、"感知"和"反应"部分参数/次参数的参考来源，见相关主文的注脚。

第 二 解 读

描 述

对象

- 将解读作为"对象"进行观察，产生一个现象，并加以解读

重点侦察

- 对象解读的重点（特性、一些表现）
- 按对象解读的表现，对解读者中的选择与解读者的思想背景，理解为他这些选择的目的
- 对解这些重点与一些相关事物

解 释

比较、内容解释

- 系统地将不同建筑解读进行比较、或分类（如解读方式的类别等）
- 或以之再对解其它领域的现象（如思想流派等）

评 价

素质侦察

侦察对象解读的成立性
- 检视其步骤的有效性和准确性

资格侦察

侦察对象解读的创新性
- 与其他成立的解读比较，验证新意

喜好侦察

侦察对象解读的被接受性
- 侦察相对于受众的欢迎度（从不认可、接受到视为权威）
- 与受众的价值取向对照，辩证受欢迎与否的原因

建筑解读的问题

观察的误导
普性与特殊性观察的混淆、认知方法的准确性等

表演者的身份
身份错配、个人混淆大众等

认知的混淆
用来认知现象的参数与解读的结果混淆等

解读的有效性
描述不客观或没事实性、解释的对解逻辑不成立、素质与创新评价不客观、喜好评价的对象不明确

对表达的混淆
对表达本身与解读结果的混淆

语言的问题
语言的不足（如形容词的限制），
解决方法：使用有共识的词汇、澄清词汇、使用现象形容词、全面的明晰

抵消作用
需注意于建筑事物与反应的对解、次参数对母参数的重要性、现象特性与解释内容的对解中的抵消作用；供参考：抵消作用的量化原则

评价的混淆
素质、资格与喜好的混淆（如设计竞赛评审时）、"好建筑"中"好"的混淆、喜好与建筑领域的混淆（如建筑的"条件"、"定义"的误导）等

创新的判断
供参考：判断指引-察看参数的可更换性、参数定量的比重、定量的层次、布局与语言的区别、创新度的区分、建筑可建性的误解等

240

解 读

描述

描述前: 现象、认知系统、选择

现象的产生
- 解读者对一个建筑领域的自在之事象,以某些观察方法产生一个建筑现象
- 建筑现象包含某些建筑事物、表演者的感知和反应

认知系统
- 采用对建筑现象较有共识的认知系统、
- 扩充一些已有的认知系统、
- 设立、引用特别认知系统

解读选择(意识或非意识的)
- 整个建筑现象、或其中的部分
- 一些解读操作、表达

操作: 定量与对解

定量
- 侦察建筑现象中参数的量化(如形态的尺寸、项目的业主背景、情感的形容等)
- 不同参数有不同的量化"单位",换算要按"抵消作用"推算

对解(建筑事物、感知、反应三方面):
- 各方面内部的参数或其定量
- 建筑事物与感知二者的参数或其定量
- 建筑事物与反应二者的参数或其定量
- 感知与反应二者的参数或其定量

有效性、延伸
- 定量与对解必须是外在有效的(可以科学或近科学方法验证)
- 常见的对解一般理解为"内在角色"、"用途"、"原因"等
- 特别的对解可抽象或综合为理论、模式

表现侦察

定量表现(正面或负面)
- 侦察选定的参数的定量(如高度)
- 比较多个参数定量的突出性(如比较高度与地点的相对突出性)

对解表现
- 从定量表现中,找出可能对解(如高度与地点的吻合性)

特性侦察

全面定量
- 侦察建筑现象所有已知的参数的定量

排序、对解
- 基于各参数定量正负面的突出性排序
- 侦察其中高次序参数定量的对解

现象特性
- 其中最突出的定量(或定量组合)或对解便是整个建筑现象的特性

特性以外
- 归纳现象中其他重要或突出的参数、对解

解释

比较解释

比较
对象
- 比较一个/组建筑现象与其他建筑现象
- 比较一个/组建筑现象与其他建筑类别

侦察
基于某些表现或特性,侦察比较对象的各种、各层次、各覆盖度的:
- 类似(相同、相似、抄袭、模仿、联系、参考、抽象提取、变化等程度)
- 不同(差异、对比、颠倒等)
- 混合(异同、颠倒、拼砌、混杂等)

分类
类别
- 基于某些表现或特性,或按建筑事物、感知、反应中某些参数的类别化

分类
- 把多个建筑现象分类(按建筑事物分类,如时代、用途;按特性分类,如型范、形式、学派)

归类
- 把一个建筑现象归类于已知的建筑类别

范畴、有效性
范畴
- 比较解释是建筑领域内的比较

有效性
- 比较以类比或结构相似性的方法作出
- 比较必须是内在有效的(可以逻辑辩证其方法的正确性)

内容解释

域外对解
- 基于各自的特性或某些表现,将建筑现象对解其它领域的现象
- 对解的域外现象成为建筑现象的某内容

有效性、延伸
- 对解通过侦察结构相似性的方法作出
- 对解必须是内在有效的
- 产生的内容一般理解为"形容"、"意思"、"理由"、"因果"、"意义"、"影响"、"反映"、"背景"、"辩证"、"命名"等

进阶解释

进阶比较解释
- 将比较结果与其它比较结果再比较(如亮度比较与色彩比较的再比较)
- 将分类再归纳分类(如时代归历史类)
- 将建筑现象的内容与其它建筑现象的内容比较(如教堂内容比较寺庙内容)
- 如此类推

进阶内容解释
- 将一个或多个建筑现象的比较结果,对解其它领域的现象的内容
- 将一个建筑现象的内容,对解其他领域的现象的内容
- 如此类推

评价

素质侦察

工程操作和完成的质量
- 工程项目运作方面的质量、施工完成度
- 侦察方式是对照相关管理标准(如ISO)、工程验收标准和规范

物性完成度
- 建筑事物的物性构成的完成度
- 侦察方式是统计分析表演者感知上的恰当感、空间行动上的质性反应(如舒适度)

形态的完整度
- 建筑现象特性的"一致性"(各表现都在强化、明晰它的整体特性)
- 侦察方式是按"抵消作用"判断

评价、有效性
- 侦察结果是正面的,建筑现象便是在相关方面或三方面自我"有素质",程度按正面度和覆盖度决定
- "有素质"的建筑,大众常以"很好"来反应
- 自我素质与一定范围的其他建筑现象的平均素质比较,可评定其相对素质水平
- 质量是基于科学或近科学的方法判断,完成度与完整度是基于近科学的客观推论

资格侦察

资格
基于特性与表现,与之前已有建筑比较,侦察:
- 新度(特性中新参数/新定量的出现)
- 强度(新参数的层次、新定量的差异度)
- 深度(差异度中,唤起反应的新深度)
- 广度(新参数/新定量的涵盖面)

评价
侦察结果是正量的,而整体表现有强烈的"一致性"的,建筑现象便是"创新",其程度按正量的幅度可评价为(可细分):
- "创新的"
- "突破的"
- "伟大的"(大的突破、高完成度和完整)

范畴、有效性
- 评价的可以是建筑物的局部至整体
- 评价最理想的是基于大量专门解读统计得出的,否则,应以最客观的态度推断
- 相对现象出现的时点,创新是永远的定性

喜好侦察

参考对象
- 单个、多个、大群体的表演者、观察者或解读者本身

侦察
- 直接的问询或以民调来统计
- 间接的了解参考对象的取向、价值观,辩证与建筑现象的特性、比较或内容的吻合度

评价 - 按对象和吻合度可评定为(可细分)
- "好的建筑"(吻合大群体的正面价值取向)
- "被喜欢的建筑"(吻合对象的取向)
- "被爱的建筑"(一体感地吻合对象的取向)

范畴、有效性
- 若对象已表达对建筑现象的喜好的,喜好侦察可视为一个验证
- 喜好与素质或创新没有必然关系

反 应

活 动 性 反 应

空间行动

量性的
- 一般行为/作业
- 通行
  (路径、通畅度等)
- 控制与自由度
- 行动转换 (过渡等)

质性的
- 生存性 (危险等)
- 舒适度
- 适合性
- 便利性
- 效率
- 多样性
- 互动性
- ······

生理反应

一般的
- 机能反应、动作
- 舒适度、呼吸、卫生
- 视感聚焦

参考定向的
- 方向认知
- 与人体关系的认知
- 与人数关系的认知
  (undermanned等)
- 比例认知 (纵/横等)
- 归属感
  (认识度、理解度)
- 其他认知
  (定位、时间等)

城市认知图式
- 路径
- 边界
- 区域
- 节点
- 标志
- ······

个体领域

个体性的

独自性
(遁隐/孤独/被疏远/外向等)

私隐性
(私人/半私人/半公众/
公众等)

居上感/居下感
(优越、自我实现感、陪众等)

友善度
(亲切感、排斥感等)

个体的扩展

意识个体近空间的范围
(与陌生者的距离)

把握占有领域
(近身、属性、熟悉、周边性)

意识防御空间领域
(私隐范围、监控点、安全度)

扩充个人识别性
(自我认同或归属某建筑物)
- ······

社会行为

社交的

接触
- 与他人接触的困难/容易度
- 与人视觉接触的机会
- 接触的集中度

聚离
- 生理或心理上的聚拢或游离

交融程度
(亲密、个人、社交、公众距离)
- ······

组织性的：

所属社会组织的种类
- 亲属关系类
  (家庭、部落等)
- 世俗自由组合类
  (社群、正式组织如政治体)

社会组织的活动性反应
- 组织的产生 (如自发的)
- 时空性 (如跨代的、短暂的)
- 共同导向
  (目标性、协同性、推动力)
- 架构关系 (严密到模糊)
- 角色 (单一到多重)
- 成员关系
  (合约性、等级化、协作性等)
- 权力 (领袖主导、规范型等)
- ······

感 性 反 应

感官性反应

视觉以外的个别感官
- 听觉、嗅觉、味觉、触觉

感知性反应

唤起愉快/不快的组织性感知
- 恰当感/别扭
- 纯粹度/掺杂度
- 明晰度/粗糙度

唤起有趣/单调的
- 复杂/简单的
- 吸引注意的/被忽略的

唤起放松/紧张的
- 秩序/无序的
- 地重力参照/无参照的
- 平稳/不稳、熟悉/陌生的

唤起活力/慵懒、起动感/呆板的
- 强有力/薄弱的
- 视觉冲击/平淡的
- ······

情感性反应

基本情感
- 喜、怒、哀、惊、恐、厌

与活动性、知性反应关联的
- 愉快/不快、唤起/抑制
- 支配性 (自由度的感觉)

愉快与唤起所组合的情感
- 愉快+唤起 (快乐、兴奋、醒觉)
- 愉快+抑制 (平静、放松、满足)
- 不快+唤起 (紧张、不安、心烦)
- 不快+抑制 (低落、疲乏、沉闷)

心灵性反应

精神性的
(感觉与身体感知脱离)：
- 归零的 (如超脱、浪漫感)
- 错乱的 (如眩晕、梦境般的)

心性的
(与伦理赋性互动的反应)：
(如诚实感、人性化、骄傲感)

共感性的 (与自我、环境的对照)：
- 同感 (代入的认同)
- 同情 (没有/不完全的认同)

开拓性的 (与成见的对照)：
(如富想象的/刻板的、直觉的/
逻辑的、完美的/粗糙的)
- ······

美感

一些感性反应的极致状态
- 感官的快适 (如极度光滑的触感)
- 感知的唤起 (如恰当视觉组织)
- 心灵的触动 (如精神的超脱、
  心性的善、开拓的创造)

赋性关系
- 取决于赋性 (如符号的同感)
- 超越赋性差异 (如格式塔感知)
- ······

知 性 反 应

认识

浅表的认识
- 绝对的形态整体识别
  (抽象至具象)
- 形态的局部记忆辨认

领域的认识
- 建筑元素的词汇 (如门)
- 常用的解释认知 (如中式)
- 建筑物外的认知 (如造价)

初阶联想
- 零散地联想或比较形态
  (联想绘画、识别为模仿等)
- 将形态与大众记忆比较
  (熟悉、怀旧等判断)

符号认知

符号构成与认知
- 对象-符号-意义的三角关系
- 符码是符号认知的关键
- 对象=泛建筑物、任何事物
  符号=泛建筑物、名称
  意义=建筑以外的联想为主

建筑符号（sign）的认知类别

类别	意符要素	与意指或参照事物的对应
Index	实在性	作用性，如使用功能
Icon	构成性	相像性，如形态相似
Symbol	语义性	约定俗成的，如事物观念

(Index 如"门"对解"人可通过
和开闭的装置"；
Icon 如"悉尼歌剧院"的外形
联系"帆"；
Symbol 如"白宫"联系"美国
与其权威")

推理、抽象认知

认识建筑物的图像表现
(平、立、剖面，三维图等)

寻找建筑形态的特点
- 形态中的关系 (几何等)

寻找建筑形态的形成法则
(几何演变图解、草图等)
- ······

随意解读

随意描述
- 分析形态特点、感知、反应

随意解释
- 将建筑形态或事物分/归类
- 对解其他领域现象，寻找意义

随意评价
- 建筑的素质、新意、突破
- 自我的喜好、好坏判断
- 判断集体的偏向如潮流

表达、分享解读

感 知

初 步 接 收

体验
行动(作业、远观等) 经路(移动的起点、次序、路径、全面度等) 背景(某建筑事物的状况下、体验人数和时间等)

可能的感官反应
视觉、听觉、嗅觉、味觉、触觉

(零散)感觉数据

可能的感觉数据组织
(如格式塔组织倾向、焦点排序等)

(组织性)感官认知

可能的身体部位感觉
(如冷/热、刺眼、不适、重压等)

局部身体的感觉

初 步 起 动

行动性	反射作用 养成的反应 (如看到楼梯会意识上下)
感性	基本感觉(如唤起、支配感) 精神性触动(如神秘、超自然的)
知性	知悉 思维 (如猜想某建筑物的用途)

(通过一些机制作用)

表演者的赋性
内在的 **推动力或需求** - 生理性 - 安全 - 爱和归属感 - 被尊重 - 自我实现 　(知性追求、人格、经验、能力、回报等) - 自我超越(存在意识等) **行为能力** - 身心条件下进行某些行为的能力 **心理图式(schema)** - 经验累积形成的心理模板,促使对事物 　按此进行认知、组织、排序乃至排斥 - 图式的类别常按事物或心理作用的类型划分 　(世界观、偏见、成见等) **外在的** **所在的非物性环境** - 一般生物生存的环境(如同类) 　社会(如制度制约) - 文化(如宗教) **所在的物性环境** - 引起感官反应的各种实体、空间、轮廓面 　(如成长所在都市的建筑环境) **体验的时间因素** - 基于表演者在其身份下的体验累积, 　体验事物的时间长短和相互作用下的节奏 ■ ……

解读的类别

对建筑现象的解读,选题范围可以从一个局部到整个建筑领域,甚至是他人的建筑解读。其中,有深究的专门解读,成为各种研究,可以归为下述各类。

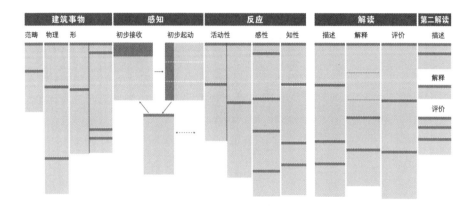

解读的类别

基于随意性或专门性,以及严密度、全面度和广阔度等方面的差异,建筑解读一般会被区分为对建筑现象的看法、理念、评论、研究或评价等,而相对应的解读者身份分别是随意表达者或建筑爱好者、设计声明者、建筑评论家、建筑学家或建筑权威和专家等。

解读时,解读者会选择建筑现象中的一些参数、选择解读中的一些操作,作为解读的范围。对现象外的随意解读者和现象内作随意解读反应的表演者来说,这些选择多是非意识的、较模糊的。但对专门解读者来说,这些选择多是较清晰的、有针对性的,因为他们多数会有各自属意的解读类别。专注于不同的建筑现象参数、不同的解读操作,会衍生不同的解读类别,成为建筑现象的各种研究。

此外,设计者在说明自己的设计或倾向时,也是在表达一个解读,并使之衍生为各种设计理念。而设计过程中,设计者在设计与解读行为并行的状态下做出设计选择。

建筑解读本身也可以被原来或别的解读者解读。这是第二解读,其中最重要的是侦察解读的素质,即其有效性。此外,广泛的第二解读,是建筑学习的一部分。

这些研究、理念、第二解读,都是建筑学的一部分。广义的建筑学(studies in architecture,有时也被混淆地称为architecture),则包含所有建筑现象和解读内容的学问,如建筑设计、建筑技术、工程运作、各种解读如评价等。

此外,建筑教育本身是建筑事物中的一个元素,而教育内容包含广义的建筑学内容,是为建筑学习(一般也称 studies in architecture)。

建筑事物			感知		反应			解读			第二解读
范畴	物理	形	初步接收	初步起动	活动性	感性	知性	描述	解释	评价	描述
											解释
											评价

活动性的对象:
小型公共空间的社会行为……

知性的对象:
中国符号认知……

一般解读的类别
以建筑现象中某些建筑事物、表演者感知、反应为对象,进行局部或全部的解读操作。

感性的对象: 粗糙感的建筑……

建筑物理的对象: 建筑剖面图、建筑师(勒·柯布西耶、坂茂……)、拉伸性织物构造、BIM(针对小型绿色建筑设计)、哈佛建筑学院(作品)……

建筑范畴的对象: 古今城市总括、庭院建筑、蓬皮杜中心、芝加哥的城市与建筑、拉斯韦加斯主街(的符号识别)……

一般解读的类别

对象事象：
　－某些范畴、时空的对象（如某个建筑或部分、某城市……）
　－某些物理性的组别（如某建筑师、某材料组别、某结构形式、某生态技术……）
　－某些感知类的对象（如格式塔感知的建筑组别……）
　－某些反应性的对象（如社会反应的组别、神圣感的组别、符号性的组别……）

解读操作：
　－可以是局部或全部的解读操作
　－针对所选的对象事象的具体解读（而非深究组别性对象的组别界定等）

描述物理的对象: 设计学习……

描述泛形态: 几何变形的形态、形态参数 (总集) ……

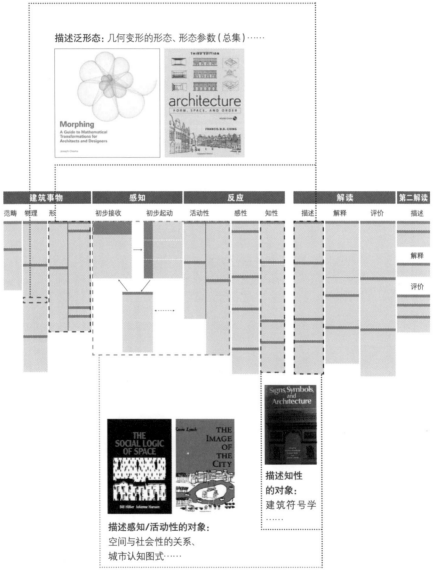

描述感知/活动性的对象:
空间与社会性的关系、
城市认知图式……

描述知性
的对象:
建筑符号学
……

描述性解读的类别
以建筑现象中某些建筑事物、表演者感知、反应为对象,
主要进行描述的解读操作。
操作中常将现象的一些参数间的对解抽象化,指出某些因果或内在机制的模式。

描述性解读的类别

很多描述解读都是后续的解释解读的前提。

但有些解读者会只集中于描述解读,

只找出建筑现象的一些表现或特性,

或针对建筑现象的一些参数或参数的对解,做出不同类别的描述解读。

这些类别性的描述解读,多是专门的解读。

解读者首先尽量扩大建筑现象的范围至不同时空中的多个建筑物,以便收集更多量化的案例;进而集中于一些现象参数的定量或参数的对解,分析并综合这些案例,然后把有关参数或对解抽象化,使之成为模式。由此衍生一些专门的描述解读类别,如:

形态学——专注于建筑事物形态的内在关系;

设计方法论——专注于建筑事物的工程项目的设计过程、设计者;

建筑符号学——专注于建筑事物形态与表演者赋性、符号认知;

环境行为学——专注于建筑事物形态与感知、反应的对解。

这些解读类别经过进一步深究,便成为相关的研究和理论。而部分此类研究和理论,已跨越建筑领域,如环境行为可归属于行为心理学等社会科学的范畴等。

比较建筑特色:
按类别审视现代建筑特色的互相影响（＝相似处）……

归纳一段建筑历史:
同一时代的建筑……

归纳一个地域中的建筑:
波斯湾与迪拜

归纳一种建筑风格:
包豪斯学派……；
一个建筑特性:
偶像派建筑……

归纳一个类型:
古典城市集体记忆的形态总集

各种比较/分类或归类解释、或按类别的解释

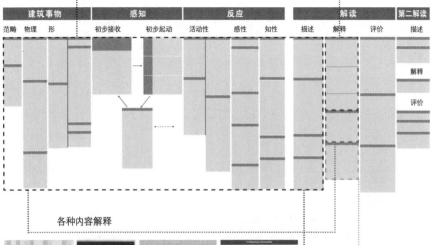

建筑事物			感知		反应			解读			第二解读
范畴	物理	形	初步接收	初步起动	活动性	感性	知性	描述	解释	评价	描述

解释
评价

各种内容解释

进阶解释

以某主义为内容解读建筑设计:
超现实主义与建筑……

以某主义为内容作跨领域解读:
解构主义与视觉艺术……

建筑意义: 内容解读的机制、建筑意义的案例集……

分类再归类: 归纳出"好"建筑的主参数类别并按此对现代建筑的各种主义风格进行归类

解释性解读的类别
以建筑现象中某些建筑事物、表演者感知、反应为对象，
主要进行解释的解读操作，衍生类别性、内容性的解读结果。
其中，一些内容解读可能通过命名某种风格类别，创立某种建筑主义，这对建筑设计与解读可以产生重要的影响。

解释性解读的类别

解释解读，是将建筑现象作现象内或现象外的对解，分别产生比较分类与赋予内容，或进阶的解释。其中所对解的目标对象，解读者可以有很多选择，因此解释是非常多样、丰富的。当然，这首先取决于建筑现象本身是否有较突出的特性以及解读者的建筑知识和联想力水平。

于这些多样的解释解读中，有些解读者会专注于分类解释，
进而作内容解释或进阶解释（如上层分类），由此衍生不同类别的比较解读，如：

建筑历史——可包含历史时代建筑、年代下的地域建筑等；
建筑地域风格——可包含地域的各历史时代的风格等；
建筑学派——如哥特式样、现代建筑等；
类型学——包含各种类别的类型如都市空间、平面几何、立面样式等。

此外，有些解读者会专注于内容解释，
进而作进阶解释（如将现象与内容的对解本身对解其他领域现象），由此衍生不同类别的内容解读，如：

建筑主义的营造，即综合类似现象特性，对解一些出众的思想，如结构主义、后现代主义等；
建筑意义的研究，即对内容解释中对解本身的研究；
统合所有建筑风格的尝试，即对风格本身的研究等。

对于这些类别性的解读，解读者要搜集大量的描述案例，才能使其综合和抽象化。

如针对某个项目：纽约世贸中心的重建工程、美国自然历史博物馆……
针对某个范畴：现代都市的低劣趋势……

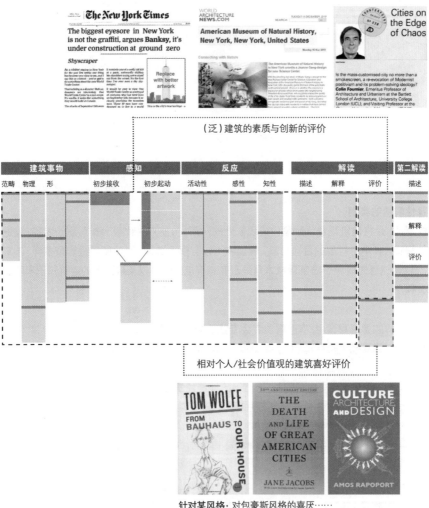

评价性解读的类别

以建筑现象中某些建筑事物、表演者的感知、反应为对象，

主要进行评价的解读操作。

如常见于报刊杂志的对个别建筑物现象的评价，

或跨领域出版对城市建设、建筑意义等依据一些社会价值观作出的整体评价。

评价性解读的类别

评价解读，是侦察建筑现象的内在素质、在领域中的创新性、在受众中的受欢迎性，是判断建筑现象的总体效果和价值。评价是一般大众对建筑现象常见的表达。

专门解读者的评价解读，基于对不同方面的专注会产生不同的类别，如：

建筑批评——集中于素质与资格侦察的评价；
建筑的社会性——集中于价值观和取向与建筑特性和内容解释的关系等。

其中，建筑批评要求解读者具备非常全面的建筑知识。同时，为了评价的客观性，解读者亦需要与其他专门解读者有一定的共识基础，以判断建筑的突破程度等。分享、投票、统计是专门解读者之间的理想协作方式。

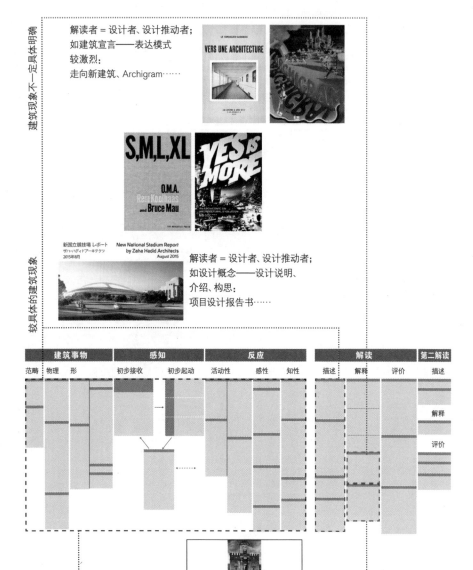

建筑现象不一定具体明确

解读者＝设计者、设计推动者；
如建筑宣言——表达模式
较激烈：
走向新建筑、Archigram……

S,M,L,XL O.M.A. Rem Koolhaas and Bruce Mau

VERS UNE ARCHITECTURE

YES IS MORE

较具体的建筑现象

新国立競技場 レポート ザハ・ハディドアーキテクツ 2015年8月
New National Stadium Report by Zaha Hadid Architects August 2015

解读者＝设计者、设计推动者；
如设计概念——设计说明、
介绍、构思：
项目设计报告书……

建筑事物			感知		反应			解读			第二解读
范畴	物理	形	初步接收	初步起动	活动性	感性	知性	描述	解释	评价	描述

解释

评价

一般化的建筑现象、
或某一归类的建筑现象

COMPLEXITY AND CONTRADICTION IN ARCHITECTURE
ROBERT VENTURI

解读者＝设计者、设计推动者、纯专门解读者；
如建筑思想、哲学——多以词汇总结内容：
被现代建筑排挤的复杂性与矛盾性

建筑设计理念的类别

建筑师对意愿实施的建筑所作的解读，可统称为设计理念。

一般包括以个别建筑为对象的设计概念、个人风格上偏重内容解释的宣言、更多领域外内容解释的建筑思想。

这些理念，本质上只是个人的解读，不是唯一，也不一定是成立的。

正如其他经权威推广的解读一样，设计理念也能左右表演者的赋性，影响他们的体验反应。

建筑设计理念

建筑现象中,建筑物与其设计者(如建筑师)都是建筑事物的一部分。设计者可包括非具体操作的设计推动者。

建筑物无论是已建成/已拆卸、设计完成或只是一个模糊的概念,相关设计者都可以作为解读者,指出建筑现象(建筑事物、感知、反应)的特性,选择一些解释操作(比较解释、内容解释)并表达自己的认同和喜好。这些解读,按照不同范围、表达、层次,会产生不同类别的设计理念,如:

设计概念(类同理念、构思):

——可以是针对个别项目或广泛的项目群;其中对建筑现象的特性描述较明确,而解释操作主要是内容解释;

(如一般的项目设计说明、介绍等)

建筑宣言:

——主要是提出偏好的解释内容,即对解政治、社会等其他领域的现象,而对建筑现象的特性描述并不一定具体明确;常以激烈的语言和模式如短句或附编号来强化表达,同时多附加命名;

(如风格派宣言、情景派宣言等)

建筑思想(类同哲学):

——主要是提出解释内容,赋予比较解释,并作出更多进阶解释;强调对解的逻辑性,和对解内容的详细说明。

(如脱构主义建筑哲学等)

设计概念、宣言、思想都是设计者或设计推动者的建筑解读成果。这些成果也成为建筑现象中建筑事物的一部分。与其他现象参数一样,这个参数也可以被解读,例如把设计宣言与设计者的背景、相关建筑物的建成时代等对解,成为描述结果。

对建筑解读的评价:
建筑理论的乏人问津、
现代建筑解读的偏颇……

对建筑解读的分类解读:
学校分科课程、建筑字典、当代理论与宣言总集、古今的理论总集与点评……

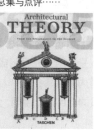

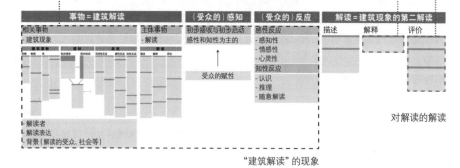

事物＝建筑解读		（受众的）感知	（受众的）反应	解读＝建筑现象的第二解读		
相关事物	主体事物	初步接收与初步启动	感性反应	描述	解释	评价
┌建筑现象	-解读	感性和知性为主的	-感知性			
			-情感性			
			-心灵性			
		↑	知性反应			
		受众的赋性	-认识			
			-推理			
			-随意解读			
┡解读者						
┗解读表达						
┗背景（解读的受众、社会等）						

对解读的解读

"建筑解读" 的现象

第二解读的类别

对建筑解读的解读，重点是评价其是否成立、观点是否有新意、是否被人接受。

对建筑解读的比较、分类等解释，对建筑学习有工具性的帮助。

对解读者动机等的解读，则带有建筑领域外的社会行为解读的性质，近乎建筑解读的 "跑题"。

第二解读

第二解读，是一个建筑解读作为一个现象，被原解读者或其他解读者再解读。除了学生的一般性学习等第二解读外，专门的第二解读的不同操作，产生不同的解读类别，如：

解读特性：

——如简化大量解读，或将之分类、总集、字典化等；

解读缘由：

——集中于解读原解读者的解读动机、背景或统合为解读潮流等；

评价解读：

——集中于原解读的接受度、创新性、成立性等。

第二解读这个类别，亦有以泛建筑解读（而不是个别评论家或个别建筑解读）为对象的，这是近乎行为心理学或社会学的研究。

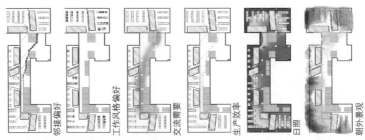

邻接偏好　　工作风格偏好　　交流需要　　生产效率　　日照　　朝外景观

输入条件参数/生成方案于这些参数的表现

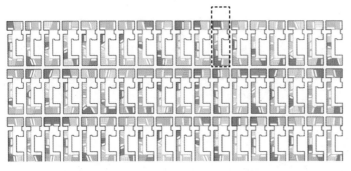

室内设计案例：
按照这些条件生成的
方案

借助人工智能（AI）和云计算的迅速普及，从2010年代中期开始，真正意义上的"生成设计"（generative design）于设计领域取得了快速的发展，从中亦能看到对设计行为本身更本质的理解：

如设计一个空间布局[1]，在输入具体的功能、经济、环境等项目要求后，"机器"通过分析排优综合等步骤，便可以快速产生大量可行的比较方案，再经人工或机器本身的挑选（描述、比较、评价），综合收窄方案数量；或补充调整条件，再次产生比较方案并做挑选，如此循环操作，获得最终方案（仍可以是多个）。
……
这是设计行为的"解读-取向-创造"的循环过程，其中解读尤为关键；
从中亦能看到评价和选择的重要性，它们取决于设计者宏观与微观的取向。

不难想象生成设计发展的终极：输入的不止于项目的物理性条件，还包括审美风格和概念取向（如勒·柯布西耶+扎哈·哈迪德+雷姆·库哈斯+……=？、唯物主义+禅宗思想+解构主义+……=？），加上类似于AI下围棋的"机器"自身通过大量案例乃至自我生成的"强化学习"，形成自我上层判断的能力，便可能出现在速度和方案落地方面以外的超级设计师！
……
至此，设计学习这个关键问题被突显出来：如何才能有效地学习物理层面外的感知与反应，以及概念？

"建筑的筑建"的框架，可延伸至以下几个创造上的要点：
取向的酝酿、设计的行为、致用的学习、进步的态度。

[1] 如这个由 Autodesk 公司在2017年进行的一个办公空间的生成设计试验，在输入员工的邻接偏好、工作风格偏好、交流需求、生产效率、日照与朝外景观的要求后，"机器"即生成大量的布局方案，并在这些要求方面分别给出模拟表现……

"建筑的筑建"展现了建筑领域的整个架构，所推动的认知理解，是基于某些自在之建筑事象，故其目的更多是彻底明晰对建筑事象的解读。同时，通过对解读的了解，亦可认识到其关键是"对解"操作。对解需要丰富而有效的联想、比较和统合，这是解读创新的所在。

而相对于解读，设计是建筑领域里的本原行为，就寻找新可能性的使命而言，设计的目标是创新。

设计除了要探索新事象以外，更要作出取舍、收窄范围。取舍是基于设计者知性与感性的取向。

社会普及的创新，需要经过培养。这要求对设计行为有所了解，建立学习设计的工具、方法。

从建筑的筑建，可延伸认识建筑取向、设计行为、学习致用、进步态度：

取向：是建筑解读流程的反向；
设计：是解读、取向、创造对解、解读的不断循环；
致用：设计学习是建筑事物与反应对解的锻炼、解读学习是联想的训练；
　　　创新判断需要系统化的评比工具、知识吸收需要系统化的整理工具；
进步：筑建、建筑的筑建，以及上述的延伸认识，可以带来实际与意识的双重进步。

取向

建筑师的设计取向可以针对一个项目或其某时间段的风格。
取向可以包括从具体的建筑事物定量到对解的领域外内容。
取向的形成可以是意识或下意识的。
取向的表达或酝酿过程与解读顺序正好相反。

取向的酝酿

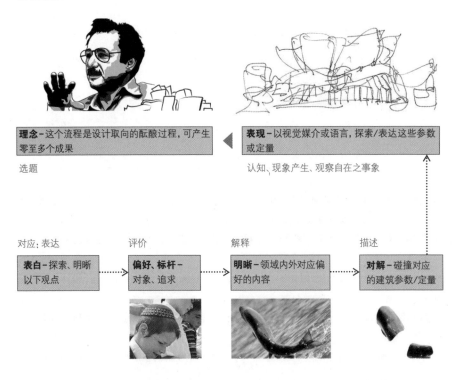

理念－这个流程是设计取向的酝酿过程，可产生零至多个成果

选题

表现－以视觉媒介或语言，探索/表达这些参数或定量

认知、现象产生、观察自在之事象

对应；表达 　　　　评价 　　　　解释 　　　　描述

表白－探索、明晰以下观点

偏好、标杆－对象、追求

明晰－领域内外对应偏好的内容

对解－碰撞对应的建筑参数/定量

如原籍加拿大的弗兰克·盖里曾表达其成长与建筑探索。他作为一名犹太裔，小时候受到过其他小孩的嘲弄，说他是鱼（腥臭），而他则很喜欢到市场里看鱼[1]。在他探索建筑的1970、1980年代，面对后现代主义对古建筑的参照，他认为古建筑还不够古，更古的是地球上比人类远早出现的鱼，而鱼的有趣之处，是切块后仍保持同样的溜滑感[2]。在他慢慢成熟的分块布局中，建筑被加入鱼块状的语言，是一个新的建筑取向——这可能是一个意识/下意识的方向酝酿过程。（这个酝酿过程的理解，是一个对弗兰克·盖里自我解读的再解读。）

[1] 源出 *The Architecture of Frank Gehry*，伴随1986年 Walker Art Center 展览出版。
[2] 源出弗兰克·盖里自述，*Gehry Talks*，Mildred Friedman 编辑。

取向

"建筑的筑建"所展现的完整建筑解读，是意识或非意识地按选题、观察自在之事象、现象产生、认知、描述、解释、评价、表达的顺序操作的。这个顺序，亦发生在设计过程中对模糊或变化中的建筑现象的意识或非意识解读操作上，设计者从而作出设计选择（见本章设计的论述）。

这个顺序的反向，即表达、评价、解释、描述、认知、现象产生、观察自在之事象、选题，就是设计取向（理念、思想等）意识或非意识的酝酿过程：

表白（对应解读的表达）：
自我探索或明晰以下观点。

偏好、标杆（~评价）：
自我的偏好或价值观，付之以一些具体的对象（如人、事、物、景）。自我重视的标杆，是追求伟大、突破、创新或只是素质，期望达到何种程度，或是这些的反面。

明晰（~解释）：
以建筑领域内外的某些内容，如纯审美、宗教、哲学、社会、其他艺术等，来明晰自我的偏好或价值观，以及与这些内容对应的建筑类别（如风格、年代、地域等方面的）或特定的建筑乃至特定的建筑师。

对解（~描述）：
阐明在建筑现象的架构中，哪些具体（新）参数或参数的（新）定量可以主观上或客观上与自我的偏好对应，或有机会达到自我的标杆。这是自我的意识与非意识的碰撞阶段。

表现（~认知、现象产生、观察自在之事象）：
以语言、草图、模型、三维或其他媒介，探索或表达这些参数或定量。表达的内容，已经是一个形成中的建筑现象，从而能够让人推想出建筑物的实际模样。

理念（~选题）：
以上的归纳，是一个设计取向的酝酿过程，不一定产生实在的设计成果、或单一的设计成果。

对一个已有或形成中的建筑现象，设计者的设计理念或表达出来的设计理念，是一个解读（虽然有些设计者也会以上述顺序来表达），而上述的是一个行为过程。同时，上述的是宏观的取向酝酿，不是个别项目的设计过程。

设计

设计是创作、选择、解读的循环行为,并可以在任何一点展开。

综合行为心理学领域对宏观设计行为的解读,设计可理解为解读的正反流程的循环过程,这个认识可使普遍的设计与学习更有效率。

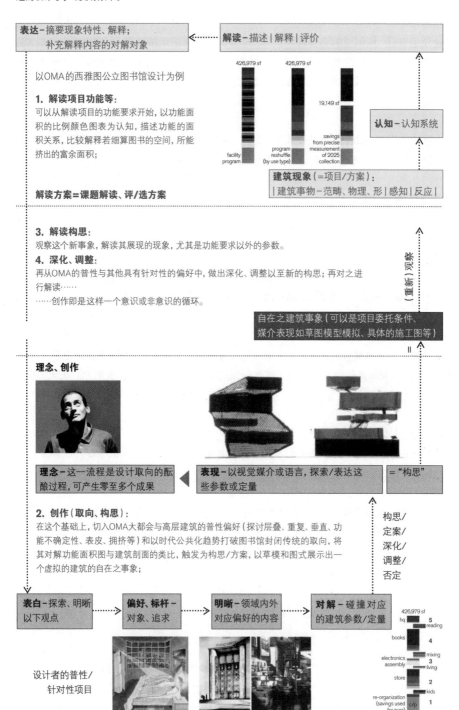

表达–摘要现象特性、解释;
　　补充解释内容的对解对象

解读–描述 | 解释 | 评价

以OMA的西雅图公立图书馆设计为例

1. 解读项目功能等:
可以从解读项目的功能要求开始,以功能面积的比例颜色图表为认知,描述功能的面积关系,比较解释若细算图书的空间,所能挤出的富余面积;

426,979 sf　　426,979 sf

19,149 sf

savings
from precise
measurement
of 2025
collection

认知–认知系统

facility
program

program
reshuffle
(by use type)

解读方案=课题解读、评/选方案

建筑现象(=项目/方案):
| 建筑事物–范畴、物理、形 | 感知 | 反应 |

3. 解读构思:
观察这个新事象,解读其展现的现象,尤其是功能要求以外的参数。

4. 深化、调整:
再从OMA的普性与其他具有针对性的偏好中,做出深化、调整以至新的构思;再对之进行解读……
……创作即是这样一个意识或非意识的循环。

(重新)观察

自在之建筑事象(可以是项目委托条件、媒介表现如草图模型模拟、具体的施工图等)

=

理念、创作

理念–这一流程是设计取向的酝酿过程,可产生零至多个成果

表现–以视觉媒介或语言,探索/表达这些参数或定量

="构思"

2. 创作(取向、构思):
在这个基础上,切入OMA大都会与高层建筑的普性偏好(探讨层叠、重复、垂直、功能不确定性、表皮、拥挤等)和以时代公共化趋势打破图书馆封闭传统的取向,将其对解功能面积图与建筑剖面的类比,触发为构思/方案,以草模和图式展示出一个虚拟的建筑的自在之事象;

构思/
定案/
深化/
调整/
否定

表白–探索、明晰以下观点

偏好、标杆–对象、追求

明晰–领域内外对应偏好的内容

对解–碰撞对应的建筑参数/定量

426,979 sf
hq　　　　　　5 reading
books　　　　　4
electronics　　　mixing
assembly　　　　3 living
store　　　　　　2
re-organization　　kids
(savings used　　1
for aura)　　　　c/p

设计者的普性/
针对性项目

设计

"建筑的筑建"的受众是解读者。但在设计过程中，设计者亦是一个平行的解读者，其解读的更是一个形成中、变化中的建筑现象。建筑设计是一个不断解读、创作的循环：

课题解读（一般所说的"分析"）：
建筑设计的开始，大多数源于工程项目和场地背景，重点是设计要求、项目组、场地与限制。设计者实际或间接观察场地、察看设计要求与限制等，形成一个雏形的、仍未出现项目建筑物的建筑现象。设计者会认知、解读这个现象，描述这些方面的表现，并可能以图解图表等认知方式来表达。

创作（"方案"）：
切合前述意识或非意识的"取向"，找到对解的建筑事物，是创作的行为。建筑创作的进行，是相关建筑事物的定量，尤以广义的建筑形态、场地、功能和需要为主体。被创造出来的是一个虚拟的自在之事象，按阶段（初始到深化），事象可以从局部到整体，可以从模糊到完整，表现这个事象的媒介可以从抽象到具象。按具体的程度，创造的事象一般被称为构思/方案。在一个项目的任何阶段，设计者都会考虑或提出一个到多个构思/方案。

方案解读（"选案"）：
建筑创作进行中的表现媒介（如手绘），同时也是对创作中虚拟事象的观察方式，从而产生发展中的建筑现象。而这个媒介若是抽象的（如草图），观察便变得含糊，效果可能是不清晰的现象，或在代入的观察者（不同的看草图者）中出现多个不一样的现象，这常见于设计的早期阶段。
设计中，会因多个方案或模糊观察而产生不同的建筑现象。设计者或设计推动者会对这些具体或形成中的建筑现象进行解读：
描述中，将课题与相关主体事物的表现对解，侦察二者的吻合度，同时指出主体事物的整体特性；
解释中，将主体的表现或特性比较其他建筑现象，或作理念、地脉文化等内容解释；
最后在评价中，将描述与解释结果对照自身、委托方或目标受众等的取向（包括深化实施能力与时间），对方案作出选择、采用、调整或重新设计。

创作与解读的循环（"设计"）：
在项目条件不变的情况下，从初阶到深化的各设计阶段中，建筑设计是或大或小的"创作-解读"（如分析-方案-选案）的循环操作。在进行设计时，创作与解读行为是意识或非意识地并行。但这些解读不一定等于设计者最终要表述的理念，因为设计者可能会基于其他原因作别的解读或别的表达。

深究设计过程，特别是创作过程的具体思维行为，是行为心理学中的设计行为的研究。

致用

"建筑的筑建"明晰表演者对建筑事物的反应，是建筑现象的要点，加上罗列的现象参数，设计学习可拥有新的切入点；

解读只有成立与否而没有绝对的正误，示意联想是解读的重要训练；

建筑创新是基于与过去的比较，加上判断创新的指引，可从现象参数中梳理出创新（突破）评表，从而使创新评比的参与更容易、更客观；

将解读清晰分解为描述、解释和评价行为，可按此梳理出解读分析表，让评论的学习和发展趋势更容易把握
……

设计学习

建筑设计学习，目标应是学生能形成自己的理念，发展有素质、创新的建筑事物，而其中常见的瓶颈是：有抽象理念却没能做出相应的事物——从理念可能对解到感知反应，但没能进而找到对解的（新的）建筑事物。

因此，除了以项目为题的传统学习模式以至电脑软件主导的先锋实验外，可以从建筑现象的全景中，作针对性的锻炼，如感知反应-建筑事物的对解。

例如，以喜乐为题，研究不同领域触发喜乐的事物，再明晰归纳古今建筑中的手法，进而发展出新的对应建筑事物。

致用

建筑学习

设计

"建筑的筑建"明晰了建筑现象是由建筑事物、表演者的感知和反应组成，而不只是建筑物、设计者或解读者自身的反应（如审美感等）。建筑学习所涉及的范围可以十分广泛，例如：

除了常有的形态造型与审美、功能技术的训练外，建筑事物与感知反应的对解亦是必要的学习。例如，把握各种情感与建筑形态表现的关系，掌握引起喜悦、愤怒等反应的建筑形态手法等；

各个现象参数都可能触发一个整体特性。探讨现象中各个参数如何引起这样的触发，应是学习的范围。例如，经济、宣言、策划等较少作为表现重点的建筑事物参数，可以尝试为之赋予特别的形态特性（如针对经济参数的极度节俭的形态）。

解读锻炼

建筑的创新基于与前人的比较, 意义内容是联想领域外的对解, 因此解读除需要客观的态度外, 更需要丰富的建筑及其他领域的知识, 以及联想力。其中, 除了多看多想外, 还可以从建筑解读与现象的全景中, 选择参数进行延伸联想的锻炼。

例如, 以简约主义为题, 从内容解释到建筑事物, 选出参数, 作震荡式、资料搜集式的单词或图像联想。

关联主义—Minimalist Art, Zen, New Objectivity, Abstraction, Reductive……
关联人物—Malevich, Judd, Caro, Stella, Come de Gárcon, Ando……
关联元素—极少元素/种类、白、黑、平面性、无装饰、光面……
关联感觉—拘谨、干净、整洁、寡、干燥、酷、紧、禅意……
（关联历史）—最早由David Burlyuk于1929年用于纽约某艺术展的场刊中, 流行于20世纪60年代……

解读

此外，"建筑的筑建"明晰了：通常所说的意义和理由，只是一些对解领域外内容的解读，并无绝对；同时，共识或权威解读的内容会转化为受众的赋性认知。另外，建筑的创新是通过与所有已有建筑的比较来判断的。学习的态度应当开放、广阔：

建筑学习不应过于以意义为主导，而应尽量开放地探讨形态的可能性，再培养自身理念从而作出设计选择。同时应研究内容转化为赋性的过程，以掌握引导大众认知的方法；

学习设计的同时，对已有建筑现象应有足够广泛的认识，才能判断设计所追求的创新性。

创新评表

建筑的创新，是在建筑现象的特性方面。以下将现象的参数统合并重新归类，做出评表。

比如，把各时代风格的共识特性填入各列中，便可获得一个宏观的认识：哪些参数有哪些推进性的突破；每个时代的突破是在哪个参数上；哪些参数还没有突破……

表中参数的分组顺序为建筑布局（整体的主导关系）与语言（实体、空间和物性的主导性质）的排列，方便按此进行创新评价（详见前述"解读的问题"/*创新的判断-布局与语言* 章节）。这个区分对个别建筑现象或一些建筑现象组的创新评价尤为有用。

建筑现象参数			建筑现象/现象群 1			……2
			城镇/聚落	建筑单体	室外/景观	
布局	整体	分块（大小/数量）				
		分块关系（时/空关系）				
		外部关系（场地/地脉）				
		内部关系（功能块/结构-设备）				
		整体性（纯粹性/密度/……）				
		平衡性（地引力关系/维度/……）				
语言	形态 实体	维度（偏重/关系/……）				
		大小				
		几何/形状				
		秩序（比例/方向/……）				
		面质（素质/塑性/密度/……）				
		轮廓面：维度/关系/边角/开口				
		与空间的关系				
		/认知相关（符号性体态/……）				
	空间	大小				
		几何/形状				
		秩序（比例/方向/……）				
		划分（隔断/室内外/关系）				
		面质（素质/塑性/密度/……）				
		轮廓面：维度/关系/边角/开口				
		与实体的关系				
		/认知相关（符号性体态/……）				
物理	物性	材料				
		结构				
		建设施工				
		构筑（元素/置换性/……）				
		环境效果（光影/……）/设备/能源				
		结构-设备-形态的关系				
	项目	类型/功能载体				
		设计过程/工具				
感应	感知	体验/接收/起动				
	反应	活动性				
		感性				
		知性				
参考		特性差异：于不同范畴/功能类型/地域				
		突出的解释内容				
		突出案例				

创新评表

基于"建筑的筑建"中的建筑现象参数，重新组合以便于评价创新，得出建筑的"创新评表"（左页）。

范围

一个建筑的创新，是与它出现之前的所有建筑作比较，其特性有新度、强度、深度、广度，和一致性。

创新可以是类同中的相对创新，乃至绝对的创新，如：

一个建筑师作品内的个别建筑创新；

一个共识建筑风格内的个别建筑（一个建筑、一个建筑师的风格、一个支流派等）创新；

一个时代内的建筑风格或个别建筑创新；

有史以来的建筑风格或个别建筑创新……

（此处，地域建筑的差异，归纳为不同的风格。）

架构

创新评表将建筑现象分为形态、物理、感应（形态对解的感知与反应）。

其中，形态可归纳为：

以内在、外在关系主导的形态整体；

以性质主导的形态实体、空间。

评表的参数组列，将建筑物的特性归纳为"布局"与"语言"，有助于判断创新。

布局是以整体的关系为主，语言是以实体、空间和物性的性质为主。（详见前述"解读的问题"/创新的判断-布局与语言章节）

表末的参考栏，针对组别性建筑现象（如一个风格）的，

可指出现象特性于不同范畴/功能类型/地域的异同或变化；

可列举突出的代表性案例。

此外，亦可记入代表性的内容解释作为参考（注：内容解释一般与现象的创新无关）。

注：表中的现象参数顺序不代表其突破性排序；

各参数的详细次参数，见"建筑的筑建"总表。

说明：已在其所属阶段出现过的，就不再视为创新，如巴洛克特性之一的、以古代样式元素塑造感觉的手法，在文艺复兴时期就已开始，此处便不归入表中。此外，风格创新指的是一个风格较普性的创新，如凡尔赛宫的600 m长立面是突破，但该定量并非巴洛克的整体普性创新，故亦不归入表中。三个例子只作为简要示范，以下是一些补充（表末具体案例省略）：

例A−古罗马：A1~4. 自然混凝土的交叉拱顶，跨度可达21 m（Baths of Caracalla），而圆拱43.2 m的最大跨度（Pantheon），到15世纪文艺复兴时才被超越。拱顶的支撑仍是以墙体为中心。拱顶覆盖的矩形平面，允许大小空间的组合连接，于一个整体中（如大浴场）是空间的划分与变化，在这个高度上可以说是室内空间的开始。

A5. 在基本网格上，城市新规划了南北主轴（Cardo, 多为主路）和东西主轴（Decumanus），重要的建筑如Forum设于交叉中心点或附近（如Timgad城）。

例B−哥特：B1~4. 高塔、支墩飞拱体、尖顶拱（于开口、支墩之间）、筋肋以及这些构筑上的雕塑，形成一个尺度和结构上"等级递进"的新系统。

B5~7. 哥特教堂的高塔，最高达到152 m（科隆教堂，按原设计完成于19世纪）。于城镇中，哥特教堂创造出以异常高度为地标的建筑现象（塔尖常超过100 m高）。室内主堂空间，最高达到46 m（科隆教堂）。

B8~9. 系统性的地域变化（区位、大小、尖塔位置、中殿空间的高宽比和方向性、耳堂长度、主入口的规模、装饰密度）：如法国的哥特教堂，处于城镇中、整体相对短而高、尖塔在平面十字交叉、浅耳堂、中殿高宽比=3、空间竖向性（筋肋延续往上）……英国的哥特教堂，远离城镇、附有牧师会礼堂和回廊、整体相对长而矮且延展大、深耳堂或成双、中殿高宽比=2、空间横向性（没有筋肋或不往上延续）……

例C−巴洛克：C1/a~e. 触发强大的活力，基于：

新几何的塑性空间，从简单的椭圆（S. Andrea al Quirinale）到联合或并置不同的椭圆（S. Carlo alle Quatro Fontane），或圆与三角形沿穹顶往上的叠加（S. Ivo alle Sapienza）。轮廓面凭借柱子、壁柱、圆拱、三角墙等，形成起伏的强烈塑性，亦使分隔空间连贯糅合，同时保持轴性与中心性的基本秩序。其空间与结构或外轮廓的分离，是后来洛可可华丽多变的室内的先导发展。

外形上新的统合，以椭弧曲线凹凸交替的分段或整面的外轮廓，加上密度向立面中部递增的雕面或壁柱/立柱/跨越数层的巨柱、并以束带层拖连，产生动态的统合。（Palazzo Carignano）

C2/a~c. 触发宽广/系统感，基于：多个中心以轴线连接、组合，部分轴线为延伸开放的规划及延展的单体。（巴黎规划、Versailles）

C3. 触发很强的综合感，基于：塑性和糅合的空间；平衡、综合开放与包围的空间围合（S. Peter Piazza）。

操作

建筑现象的参数之间或有连带性（如反应与形态间的对解），创新的归入点应以参数对解的主次决定（如一个形态产生多个反应，便归入形态参数下，反之亦然）。

创新评表中，某建筑现象/现象群的创新参数或定量，是其创新的特性而不是所有特性。如它的实体大小本是其特性之一，但若与先例相比并不突出，那么这个参数定量便不归入表中。

填入表中的次参数或定量，较简约的会较容易掌握，但需要注脚式的说明，并附具体例子或图片等。

使用

要宏观地了解建筑突破，可以按年代将过去主要的建筑风格分列于评表中，拆解其最具共识的特性，便可展示已有建筑突破性的参数或量化，从而发现未被挑战的参数或可能的量化。
要了解一定比较范围内的创新，可以类似地使用创新评表。

评表亦可作为统计专门解读者意见的平台，对特定建筑现象作出综合客观的创新评价。
此外，创新评表亦可作为解读建筑现象特性的方便清单。（一般解读仍按"建筑的筑建"作解读选择。）

媒介

建筑创新评表的操作，更适合以网页或其它应用界面显示，利用点击引出图片/详细说明，而又有整体简约、易吸收的要点比较。

通过这些共享平台，更可进行共识的建筑突破评比：
收集通过专门解读的所有时代性建筑风格的特性，
通过投票筛选出各风格的共识特性（同时调整风格的涵盖），
分列表中，
通过投票再筛选各风格的突破特性，
达到较共识的建筑突破解读。

共识评比以外，通过自我客观、广泛的解读，也可以利用这些界面创建某些更加详细的风格突破表，作为容易参阅的评价参照或创作时的意识背景。

B. 哥特（1150~1600） / C. 巴洛克（1600~1700）

B. 哥特（1150~1600）			C. 巴洛克（1600~1700）		
城镇/聚落	建筑单体	室外/景观	城镇/聚落	建筑单体	室外/景观

B. 哥特（1150~1600）

6. 以高度成地标：城镇中的可视度

5. 新的高度：最大152 m（塔顶）

2. 渐进：从体量到装饰的层次性

3. 结构、构筑、装饰上"线条"建筑的初现；雕性构饰的高密发展

7. 室内新的高度：最大46 m

1. 迈向轻骨架系统：尖顶拱+分块拱顶+飞拱支墩；解放墙体，允许大面玻璃，并以花饰窗格巩固；柱/拱筋肋化+模数使施工简化

9. 新建筑类型：（封建之下的堡垒/城堡）、大学、医院、酒店

4. 非物质化感觉：开放的中殿空间高度与长度双轴的拉伸感、密集线条的轻化感、大片彩饰玻璃的日照效果

8. 系统化的地域差异

- 新的宗教概念：爱与秩序
- 完全脱离古代
- 信仰时代的总结：早期基督教的横向性+拜占庭的路径与中心性+罗马式的垂直性

例（地域丰富留存）

C. 巴洛克（1600~1700）

2a. 城市：中心+组合+开放的放射轴的新几何

2c. 线性延展的实体

1c. 曲线：分段或整体的凹/凸交替的弧线或椭圆外形，或附束带层

1d. 以塑性明晰中心性：外轮廓面的塑性/密度（基于壁柱的韵律和独立性）明晰对立面中心的强调

1a. 椭圆与变化：纯椭圆、椭圆联合/并置组合；或不同基本几何轮廓往上的叠加产生的变化空间
1b/3a. 整体性：连贯的分隔空间；轴+中心；轮廓面起伏的塑性
2b. 收放：动感中心+开放的放射轴

1e. 木结构吊顶和灰泥形成的内穹顶，使空间与实体轮廓脱离

4. 新建筑类型：宫殿庄园、景观花园

1f. 假透视：斜墙面/柱廊强化透视

1. 强大活力（戏剧化/牵引/雄伟）：形态的曲线、塑性、三维性；宽慰感（开放/包容/延伸）：体量的长度、室外空间的连续轴

3. 系统、综合感：平衡对比、糅合

- 人、自然与基督的融合
- 大综合：风格主义的活力+文艺复兴的系统性+古代的拟人性
- "椭圆"的建筑
- 法国的无限；意大利的诱导力

例（多实例）

评表使用范例，选择几个主要阶段的代表风格：古代的古罗马、信仰时代的哥特、人文主义的巴洛克。

建筑现象参数			例A. 古罗马（700B.C.~A.D.395）		
			城镇/聚落	建筑单体	室外/景观
布局	整体	分块（大小/数量）			
		分块关系（时/空关系）	5.城市：网格中出现南北和东西主轴，和其交叉点的强调		
		外部关系（场地/地脉）			
		内部关系（功能块/结构－设备）			
		整体性（纯粹性/密度/……）			
		平衡性（地引力关系/维度/……）			
语言	形态	实体	维度（偏重/关系/……）		
			大小		
			几何/形状		
			秩序（比例/方向/……）		
			面质（素质/塑性/密度/……）		
			轮廓面：维度/关系/边角/开口		
			与空间的关系		
			/认知相关（符号性体态/……）		
		空间	大小	3.新的跨度：最大43.2 m（圆拱）	
			几何/形状		
			秩序（比例/方向/……）		
			划分（隔断/室内外/关系）	4.室内空间（划分/变化）真正开始	
			面质（素质/塑性/密度/……）		
			轮廓面：维度/关系/边角/开口		
			与实体的关系		
			/认知相关（符号性体态/……）		
	物理	物性	材料	2.新结构材料：自然混凝土	
			结构		
			建设施工	1.拱顶构造：拱顶于矩形平面，圆拱于圆形平面；开拓性的土木工程（几何弧面的建筑施工、基建如水道桥）	
			构筑（元素/置换性/……）		
			环境效果（光影/……）/设备/能源		
			结构/设备/形态的关系		
		项目	类型/功能载体	6.新建筑类型：都城、权力建筑、休闲、交通、市政、景观	
			设计过程/工具		
	感应	感知	体验/接受/起动		
		反应	活动性		
			感性		
			知性		
参考	特性差异：于不同范畴/功能类型/地域				
	突出的解释内容		· 凸显权威与征服 · "圆"的建筑 · 沿用希腊建筑元素的发展		
	突出案例		例（多为遗迹，依靠复原图）		

解读的构成				例：一个对纽约古根海姆美术馆的解读
按特点的解读	描述	特性	布局性	2. 形态构成、进入经路
			语言性	
		表现	形态相关	
			非形态事物	1. 建筑师的设计说明、重视度；场地
	解释	比较	比较	3. 与同建筑师以前作品比较
			分/归类	
		内容		4. 社会感情
	评价	素质		5. 恰当性
		创新		6. 与同建筑师以前作品比较；方向性
		喜好	个人的	
			他人的	
按参数的解读	主体事物 =形态	参数	主参数	
			性质	
			关系	
		特性	布局	
			语言	
	感知			
	反应	活动性		
		感性		
		知性		
	相关事物	范畴/场地背景		
		物性构成		
		工程相关		
		设计相关		
		表演者		
补充性的解读	内容介绍	科学技术		
		社会/行为		
		一般人文		
		其他艺术		
	第二解读	描述解读		
		解释解读	比较分类	
			内容解释	
		评价解读		
	解读工具	观察认知		

解读分析表

建筑学习，不可避免地要解读他人的解读。解读有不同的操作（描述、解释、评价），其中对建筑事物的描述会影响对建筑突破的判断，内容解释会影响建筑的丰富延伸。

指出建筑现象的特性是评价建筑创新的基础，而大量对个别现象参数的解读可建立对建筑现象全面的理解，因此，基于特点和参数的解读是主要的类别。其他的解读，更多是辅助性、补充性、延伸性的。

建筑解读可以是一句简单的随意观点、部分或整个建筑现象的专门解读、甚至历史上突出解读的总集。这些都可以列入分析表中以便理解。

例如，William J.R. Curtis, *Modern Architecture since 1900* 的《美国的现代建筑》一章中有关赖特（F. L. Wright）的部分中，就纽约古根海姆美术馆的论述（按上列编号，但这不是原解读顺序，也不表示各点的相对重要性）：

1.设计相关的表现：这个建筑是赖特在20世纪四五十年代最专注的设计；赖特的设计说明："塑性建筑"……整体像鸡蛋壳……新进绘画艺术在这个动感空间中被良好地展览……

2.布局的特性：建筑物以一个环绕着往上扩展的中空螺旋体构成，辅助功能亦置于螺旋的层板里；从外部看，建筑物与城市网格形成强烈对比；经过压低的入口，参观者进入一个光从上方泄落的惊艳空间。

3.比较：这个建筑融合了许多赖特一直专注的形态：内庭像他的 Johnson Wax & Larkin，圆形形态出现在 Coonley House 的壁画里，螺旋楼梯所代表自然的生成与变化，出现在如 Sugar Loaf Mt. 等一些项目中。

4.内容：空间融合了中心性、平衡、流动，同时又有生长与追求感；建筑像一个生物，与美国工业城市的规矩性、残暴性形成对抗。

5.素质：斜墙、照明、坡地都与绘画展示的要求不一致，赖特的说明有些一厢情愿。

6.创新：这个建筑是赖特"有机建筑"的完全示范；结构、空间、实体的融合；但缺少他早期作品的力量，例如涂漆的外墙没有生气、细部亦显单薄。

→ 从分析表的拆解容易看到，该解读是从特性展开的解读，其专门性以比较解读为主，重要的创新评价则看似太简单，但该解读只是全书的一部分而已，故需要在全书的背景中进行理解，不然便是对作者的不公。

解读分析表

基于"建筑的筑建",综合建筑解读的常见切入点,得出梳理建筑解读的"解读分析表"(左页,附应用范例)。

架构

解读分析表将建筑解读分为三大类别:

偏重现象特点的解读:

针对个别或一组建筑现象,主要基于现象特点所作的解读。对这类解读的理解,重点是首先明晰其不同操作和偏重。

偏重现象参数的解读:

针对个别或一组建筑现象,主要基于现象在某些参数上的表现所作的解读;或针对泛建筑甚至非建筑领域的现象,对某些参数所作的普性解读。参数的表现,包括以该主导参数与其他参数的对解。对这类解读的理解,重点是首先明晰哪些是主导参数。

补充性的解读:

是一个解读或解读的部分,不在于针对建筑现象的特性或某些参数的表现,而是补充解释中对解内容的说明。此外,对解读工具如认知的介绍、对自我或他人的解读作第二解读(如指出解读的出发点和背景、喜好评价中受众的介绍,乃至解读与共识的形成、解读的简化、分类等),此处亦视作补充性的解读。

这类解读,需要先与上述两类解读区分开来。

(注:这个分类,是针对解读构成的分类,而将大量解读的选题、操作选择等分类,另见"解读的类别"章节)

使用

对于他人或自我的建筑解读,可用分析表将其拆解或统合,重点是明晰解读的描述、解释和评价操作部分,乃至整个解读操作上的偏重,检视其有效性、进一步解读乃至系统性地学习。

而进行个人解读时,除可以用"筑建总表"瞰视现象参数和解读操作外,此分析表亦可作为解读的宏观选择、组织的辅助工具。

(注:对解读的整理,本身是一个第二解读,详见"解读建筑"/第二解读章节)。

解读的构成				例：一个建筑论坛的论文集
按特点的解读	描述	特性	布局性	
			语言性	
		表现	形态相关	·弗兰姆普敦(K. Frampton)：纽约外围
			非形态事物	
	解释	比较	比较	·科洛米纳(B. Colomina)：立面与医学
			分/归类	
		内容		
	评价	素质		
		创新		
		喜好	个人的	
			他人的	
按参数的解读	主体事物=形态	参数	主参数	
			性质	
			关系	
		特性	布局	
			语言	
	感知			·斯伯伊布里克(L. Spuybroek)：活动与感知
	反应	活动性		
		感性		
		知性		·迪勒(E. Diller)：直播与导向
	相关事物	范畴/场地背景		
		物性构成		·迈尔斯(V. Meyers)：绿色表皮
		工程相关		
		设计相关		·盖里(F. Gehry)：直觉与鱼块语言
		表演者		
补充性的解读	内容介绍	科学技术		
		社会/行为		·泰勒(M. Taylor)：全球化
		一般人文		·拉温(S. Lavin)：酷
		其他艺术		
	第二解读	描述解读		
		解释解读	比较分类	
			内容解读	·这论文集：将论文分为8组
		评价解读		
	解读工具	观察认知		

又如，Bernard Tschumi + Irene Cheng，*The State of Architecture at the Beginning of the 21st Century*，编辑了2003年世界60位建筑师和学者就21世纪建筑主题的论坛发言，分为8组。此处于每组随机挑选一位按其主要论点分列表中。

→ 如继续把60篇发言都分列表中，除了具体内容外，很容易看到这批代表性的建筑师和学者关心的参数等，进而从中解读出建筑界新世纪的思维模式。或至少，帮助提升学习或理解的效率。

The State of Architecture at the Beginning of the 21st Century Edited by Bernard Tschumi + Irene Cheng

审美与都市/弗兰姆普敦："重复、没有美感的纽约外围区域，过去40年没变，看来21世纪也会延续老问题？"

表皮与公私性/科洛米纳："建筑常跟随人体医学发展：文艺复兴时期的医学解剖导致建筑师的剖面研究；肺痨成因的理解促进现代建筑对阳光、通风、运动平台的强调；密斯的玻璃高层活像X光图像；折纸建筑的切片组合类似CT扫描；而新的胶囊内视镜，会否导致没有表皮的建筑？"

组织与个体/斯伯伊布里克："20世纪60年代的神经学实验发现了感知依赖活动，反之亦然。建筑常以平面为活动面、墙面为感知面，我们的一些项目尝试糅合平面与墙面，如……"

电子与感知/迪勒："直播让原来被动的观众变为目击者，但其实都有导演斡旋其中——决定播放与否、作出剪辑。我们的项目一直在探讨直播与斡旋的关系，如……"

政治与材料/迈尔斯："近年各种绿色生态建筑表皮，应是未来建筑趋势，同时以此让建筑影响政治走向？"

形态与影响/盖里："如何以静态的物料做出动感？切去头尾的鱼，也有动感——相信直觉，会得到解放、创造影响。"

全球化与批判/泰勒："全球化、资讯时代产生一个复杂、自我适应的新系统。建筑需要与其他领域多做交流？"

细部与识别性/拉温："酷，不是理性和有意义的，它是同时代的、由个人来定义的效果……建筑现在愈来愈酷。"

了解

例如，将个别建筑解读分解归入表中，便很容易理解这个解读的性质：

是重要的主体解读，即以现象特性的描述为主；

或是重要的创新度判断；

或只是延展性的内容解读；

或只是大量项目背景如建筑师、场地历史等建筑事物的表现的描述；

或只是以个人喜好为主的评价；等等。

又如，将一个时代或风格的主要宣言、建筑理念、建筑评论分项填入表中，可侧面了解这个时代或风格中建筑思考、现象参数等宏观的侧重点。

进步

"建筑的筑建"是建筑领域的"筑建","筑建"是瞰视解读的框架；
但我们也可以解读一下"建筑的筑建"乃至"筑建"，比如评价它们可以带来什么样的进步。

"筑建"的作用

解读筑建，得出以下特性与解释，可视为筑建的作用。

意识的态度：

筑建指出所有观念、理论等都只是解读，而解读只要是有效的就可以成立。故此，理由、目的、意思、意义等都不是绝对的，我们理解的世界没有一对一的因与果。筑建将解读区分为描述、解释与评价，描述是现象事实性的，解释是赋予性的扩展，评价则要区分客观与主观的价值，筑建强调事实基础是内容赋予与价值探讨的前提。故此，筑建强调以清醒的意识去认识世界，使我们不容易被束缚与愚弄，从而能够自由开放、有效率地开拓更多可能性，同时诚实地接受我们的认识会不断移转的事实。

知识的掌握：

筑建把现象的元素、解读的结果与操作整理在一个宏观的框架里，可纳入其中的不单是数据、资料，还有知识。掌握知识需要系统性的梳理，筑建提出了一个简单、易用、包容的系统。

解读的方法：

从先验筑建的范本，可以建立各共识领域的筑建，解读的方法、范畴、选择、层次、正确性等都清晰可从。这样，各领域（尤其人文类）的解读会很有效率、很有建设性。

高效的创作：

筑建展现的框架，是从观察自在之事象开始，到现象的整体构成和对现象的全面解读。它的反向，是从目标取向开始，通过内容或比较来收窄范围，在现象的构成中摸索对解，最后形成一个事象；这是一个创作的流程。筑建的梳理，亦有助于提高创作的效率。

进步

"建筑的筑建"展现了整个建筑领域的现象与解读的架构。
自在之建筑事象随时间不断增加、更替、消失，
真实或靠想象所观察到的建筑现象、建筑解读也被不断累积记录，
筑建架构中的参数不断增减……
这构成了不断发展与调整的整个建筑领域。

原则上，筑建是一个超级解读者的瞰视，受众是解读者。
"建筑的筑建"是让建筑的解读者：
能明晰建筑现象的构成；
能作出更有效、更准确、更清晰的解读；
能掌握建筑学的范畴。
总约如下：

建筑领域的自在之事象，区分于观察到的现象；

观察的方式会产生不同的建筑现象；
解读者是解读他所观察的建筑现象，观察越全面客观，解读便会越准确；
建筑现象是一个建筑事物、表演者的感知和反应的架构，有主要的参数；
不同身份的表演者可以有不同的感知与反应；

解读先要认知建筑现象，可以使用大众共识的一般认知方式，
也可以使用一个被明晰介绍的特别认知方式；

描述建筑现象的局部表现或整体特性，其中的参数定量与对解是科学或近科学的验证
操作，整体特性的侦察是全面地比较所有参数和定量；

解释建筑现象，是将描述的结果作比较或内容解释，
其中的关联对解是基于逻辑的辩证操作。
比较解释是找出领域内的异同和分类，
内容解释是将建筑现象对解领域外的现象，这些对解是常说的理由、意义等。
广泛或进阶地解读下去，将赋予这建筑现象更多的附加内容；

"建筑"

问与答、字词定义等的争论与误解，很多是源于问题的缺漏、不明晰，从而导致混淆、错配的解答。

如"什么是建筑？"、"建筑是……"等问与答/定义，不清晰的是，问题或回答中的"建筑"是指建筑的领域、建筑物、建筑现象、伟大的建筑，还是某些人喜爱的建筑？等等。

整个共识的建筑类别的现象+各层次的解读 ← <u>什么是建筑</u>领域？　　　　（field of <u>architecture</u>）

包含所有建筑现象和解读的学问 ← <u>什么是建筑</u>学？　　　　（studies in <u>architecture</u>）

建筑现象里的主体是建筑物 ← <u>什么是建筑</u>物？　　　　（building/work of <u>architecture</u>）

筑建里指出的整个建筑现象的构成 ← <u>什么是建筑</u>（现象）？　　　　[（phenomenon of）<u>architecture</u>]

以素质评价出的有素质的建筑 ← <u>什么是</u>有素质的<u>建筑</u>？　　　　（quality <u>architecture</u>）

以资格评价出的创新的建筑 ← <u>什么是</u>创新的<u>建筑</u>？　　　　（creative <u>architecture</u>）

以资格评价出的非常创新的建筑 ← <u>什么是</u>有突破的<u>建筑</u>？　　　　（<u>A</u>rchitecture）

以资格评价出的异常突破的建筑 ← <u>什么是</u>伟大的<u>建筑</u>？　　　　（great <u>A</u>rchitecture）

以喜好评价出的某大众喜欢的建筑 ← 什么是好的<u>建筑</u>？　　　　（good <u>architecture</u>）

以喜好评价出的某对象喜欢/爱戴的建筑 ← <u>什么是</u>受喜欢/喜爱的<u>建筑</u>？（<u>architecture</u> liked or loved by -）

按建筑的筑建，

有建筑领域的自在之事象、观察者的观察，
便会产生建筑现象，简称建筑（architecture）。
因此，对"什么是建筑（architecture）？"的解答，
应是"建筑的筑建"里建筑现象的整个构成的说明。

满足一定的资格，一个建筑现象即被视为有创新，程度大的创新，便是突破。
因此，对"什么是有突破的建筑（Architecture）？"的解答，
应是"建筑的筑建"里，资格侦察的解读的说明。
但这个问题经常与"什么是建筑（architecture）？"混淆。

不管是否有质素和突破，个人或群体都可以喜欢或爱戴某些建筑。
但"什么是好的建筑？"和"什么是被喜欢/受喜爱的建筑？"这两个问题，
经常与"什么是有突破的建筑（Architecture）？"混淆。

"建筑的筑建"，如同建筑领域具有共识意义的"字典定义"。

建筑现象的同一个表现、特性或附加内容，都是由不同方面产生或关联的，有些方面会强化、有些方面会抵消这个表现、特性或内容；

评价建筑现象，是通过对照工程标准或视觉感官，判断其内在的素质；
或通过与所有以前的建筑现象进行比较，判断建筑现象相对的创新性；
或通过对照指定对象的喜好/价值观，判断建筑现象相对的受欢迎性。
侦察素质与资格是科学或近科学的验证操作；间接地侦察喜好是逻辑的辩证操作，直接地侦察喜好是民调式的近科学的验证操作。

建筑现象的解读，以围绕建筑物的解读，即描述其局部表现和整体特征的解读为主体，其他的解读只是这个主体的延展。
解读的表达受限于语言的不确与不足，需要尽量加以明晰和补充。
……
"建筑的筑建"所明晰的解读，可避免不必要的误会与争论，使解读更能正面地丰富建筑领域、引导进步的发展。而筑建的瞰视本身，是对整个建筑领域广度和深度的了解，除了提高知性的喜悦，更帮助梳理领域的知识、学习的系统，间接开拓建筑设计的可能性。

图片来源

以下按各章各图片页（P为页数，以"|"分页）从上至下、从左至右的图片排版顺序标示图片来源（每张图片以"／"分隔）。来源标记除了Source（网络来源网站）不作标记外，其他标记如下：From（引用或扫描自图书内容）、Photo/Image/Graphic（拍摄者/制图者）、Architect/Artist/Designer/Painter（建筑师/艺术家/设计者/绘画者）、Author/Published（维基网特注发布者/最初发表者）、Copyright（引用源要求或附注版权归属标记）、Printscreen/Snap（网页/影片或电视画面截屏）、Cover（图书、杂志或报告封面）；[Part XXX/All/Adapted]（[图片中XXX部分/页中所有图片/引用并经过调改]）；Ditto（来源与上一张图片相同）。

我们已尽力追寻被采用图片的版权、相关设计人、原网页出处等源头（极少数来源不确定的，标注为（unknown））。在此，我们感谢所有图片的作者，也希望被遗漏、错误标注的原作者，可与中国建筑工业出版社联系，以帮助本书在再版时作出更正。

前言左页－NASA

筑建

一个公理

P2 - enterdesk.com | P4 - [Tree Image] 51reniao.com

先验筑建

P10 - nipic.com / (unknown) / quanjing.com / wikiart.org; Artist: Ivan Kramskoy / nipic.com / bizhi.sogou.com / vr.yxcamp.com | P12 - quanjing.com / NASA / overseaswindow.com; Photo: Marty Sohl, Turandot / nipic.com | P14 - ctps.cn; Photo: @一网不捞鱼 / bloodyloud.com / webryblog.biglobe.ne.jp / media.gettyimages.com; Copyright: gettyimages / onpoint.wbur.org; Photo: Isaac Brekken | P16 - baike.sogou.com; Image: Kurt Koffka / news.163.com / 699pic.com / baike.baidu.com / (unknown) | P20 - cbsnews2.cbsistatic.com / Printscreen: facebook.com | P22 - [All] Snaps: film "Rear Window", directed by Alfred Hitchcock | P24 - gamedot.com / amazon.cn / big.dk; Architect: BIG / quanjing.com / [Adapted Graphics] / quanjing.com / geos.ed.ac.uk (School of Geosciences, the University of Edinburgh) | P28 - Snap: 2014 FIFA World Cup - TV live broadcast / tieba.baidu.com / travelhdwallpapers.com | P30 - sports.ndtv.com / chinanews.com / marieclaire.com (stated origin: Getty) / haoyu.lofter.com / tycatholic.cn / taopic.com / Snap: film "The Passion of the Christ", directed by Mel Gibson / benheine.deviantart.com; Photo: Ben Heine | P32 - nipic.com / quanjing.com / vcg.com / edu.163.com / nipic.com / Ditto / commons.wikimedia.org; Artist: Da Vinci / leonardvs.it; Artist: Valerio Adami / morrislouis.org; Artist: Morris Louis / ngv.vic.gov.au; Artist: David Hockney / jr-art.net; Artist: JR | P34 - thefilmstage.com / nationalgeographic.com; Photo: George Steinmetz / dreamstime.com; Photo: Sergey Korsun-naumov / nytimes.com; Architect: Randall Stout / e-architect.co.uk; Architect: Frank Gehry / eikongraphia.com; Architect: Frank Gehry | P36 - musiker.com.tw / aiswcd.org (The Association of Illinois Soil and Water Conservation Districts) / abc.net.au / yamaguchi.gsic.titech.ac.jp | P38 - wikipedia.org; Artist: Marta Minujín / Ditto / quizlet.com; Artist: Joseph Beuys / wikiart.org; Artist: Joseph Kosuth | P40 - sohu.com; Photo: Hugo Jaeger / news.cn; Photo: Wang Lei / pablopicasso.org; Artist: Picasso | P42 - Cover: Oxford Dictionary of Architecture / Cover: The Science Book, by DK / expertbeacon.com / pic.d8.la | P44 - nipic.com / andrewgelman.com / From: Research paper, by Sofie Demeyer, Jan Goedgebeur, Pieter Audenaert, Mario Pickavet, Piet Demeester (Department of Information Technology, Ghent University, IBBT) / weibo.com (@LifeTime); From: CNN TV reporting / [Icons] Image: Apps WhatsApp, Pinterest, Linkedin, Facebook, Twitter, Youtube, WeChat, Google, Instagram, Skype, Last.fm, RSS | P46 - commons.wikimedia.org; Artist: Godfrey Kneller / baike.baidu.com / [Adapted] commons.wikipedia.org; Author: Mysid / Library of Congress, USA; Photo: Turner, Orren Jack | P48 - [Adapted] Snap: CNN footage / Performing Arts Guild, ocpag.org / southfloridaclassicalreview.com; Copyright: Carl Justelris Photo Collective | P50 - waaaat.welovead.com; From: Tipping Point, by Malcolm Gladwell / szokblog.pl; Photo: Jocelyn Bain Hogg / gettyimages / nipic.com / intechopen.com | P52 - businessinsider.com; Photo: Aly Song / citylab.com / edu.yunnan.cn; Painter: @小画家芝芝 / Covers: TIME magazine / ajc.com; Photo: AP - Bill Waugh / blogs.jccc.edu; Photo: Craig Sands | P54 - Cover: 日本的八个审美意识, by Masayuki Kurokawa, Chinese translation by Wang Chao Ying, Zhang Ying Xing / From: Ditto / Graphic: WITH-IN Architects / diyitui.com / imgarcade.com; Painter: Adolf Hitler | P56 - [Adapted] aiqq.cn / bassblaster.bassgold.com / actonchina.com / news.cn; Photo: Li Zi Heng / 5442.com / wapaperlist.com

主领筑建

P58 - [Adapted] Printscreens: yahoo.com - image-search result webpages | P68 - you.trip.com; Artist: Alexander Calder; Photo: Yanni / wood-furniture.biz; Architect: Santiago Calatrava / archdaily.com; Architect: Rok Grdisa / From: The Story of Painting, published by Könemann / baike.baidu.com

领域的筑建

P70 - nipic.com / taopic.com / wga.hu; Artist: Lucas Cranach / globetrottingmommy.com / sciencedaily.com | P74 - nationalgeographic.com; Photo: Paul Nicklen / androidheadlines.com; Snap: official video of Google Glass / actualisedaily.com; Photo: AP / photophoto.cn / [Physics & Chemistry Medal] nobelprize.org | P78 - tieba.baidu.com / zol.com.cn / leslievernick.com; Copyright: monkeybusiness / From: TIME magazine 2011.02.28 issue / Cover: Freud, by D. Harlan Wilson | P82 - photophoto.cn / blog.sina.com.cn (zwsy) / rugusavay.com / nipic.com / quanjing.com

建筑的筑建

瞰视

P86 - imgarcade.com; Copyright: FLC-ADAGP / en.wikipedia.org / Architect: OMA Rem Koolhaas; Photo: Derek Chiu / blog.sina.com.cn (zy798); Architect: Le Corbusier; Photo: Schumi / abcawesomepix.com; Architect: Steven Holl; Photo: FHKE, Flickr / aflix.org / gregsawers.com / misfitsarchitecture.com; Architect: Philip Johnson / wikipedia.com

建筑现象

P90 - Snap: film "Inception", directed by Christopher Nolan | P92 - tieba.baidu.com; Photo: shallfly2008 / flickr.com; Photo: dawvon / ikuku.cn; Architect: Zaha Hadid / isaarchitecture.com; Architect: Zaha Hadid | P96 - Architect: Frank Gehry; Photo: Derek Chiu / archdaily.com; Photo: Studio Fuksas / commons.wikipedia.org / From: Architectural Design – Space Architecture; Architect: Andreas Vogler | P98 - From: GA Architect – Tadao Ando; Architect: Tadao Ando / designboom.com; Architect: Vo Trong Nghia; Photo: Hiroyuki Oki / From: A+U Special Issue 1988.12 – Richard Rogers; Architect: Richard Rogers / bbs.zhulong.com; Architect: Shigeru Ban / 3ders.org; Designer (-Builder): Andrey Rudenko / pritzkerprize.cn; Architect: Shigeru Ban; Photo: Hirouki Hirai / blog.rentinrome.com (posted by micol) / sucailm.com | P100 - archdaily.com; Architect: Studio MK27; Photo: Fernando Guerra, FG+SG / contractorbondquote.com / Architect: WITH-IN Architects / From: Le Corbusier 1910-65, published by Birkhäuser; Architect: Le Corbusier / aaschool.ac.uk / tr.asthis.net / lulutrip.com / nipic.com | P102 - Architect: Herzog & de Meuron / [Adapted] pinterest.com; Architect: David Chipperfield / architbang.com; Architect: Mass Studies / nipic.com / campobaeza.com; Architect: Campo Baeza; Photo: Javier Callejas / Architect: Herzog & de Meuron; Photo: Derek Chiu / elementalchile.cl; Architect: Alejandro Aravena | P104 - arcspace.com; Architect: Zaha Hadid / designboom.com; Architects: Herzog & de Meuron / wikimedia.org; Artist: Thomas Heatherwick; Photo: Steve Garry / serpentinegalleries.org; Architect: SelgasCano; Photo: NAARO / blog.sina.com.cn (posted by froggarden) / From: GA Architect – Tadao Ando; Architect: Tadao Ando / e-architect.co.uk; Architect: OMA; Image: OMA / archigram.net; Architect: Ron Herron, The Walking City / zhulong.com; Architect: Faulders Studio | P106 - wallpaperup.com / news.sohu.com / pinterest.com; Architect: Peter Eisenman / gettyimages; Photo: Bernard Gotfryd | P108 - wallcoo.com / lovekidszone.com; Designer: Dolce & Gabbana / tour-to-cambodia.com / tombricker.smugmug.com; Photo: Tom Bricker / artsfuse.org; Snap: film "Museum Hours", directed by Jem Cohen / news.china.com | P112 - telegraph.co.uk / travels.media; Architect: Snohetta / webdesign.tutsplus.com / nipic.com | P116 - alwindoor.com / romeacrosseurope.com / pngecho.com / 360doc.com; Architect: Norman Foster / pinterest.com / uniqhotels.com / wikimedia.org / portlandart.net; Photo: Ishimoto Yasuhiro | P118 - gabinetedebelleza.com / big.dk; Architects: Thomas Heatherwick & Bjarke Ingels / From: GA – Zaha Hadid (Publication for exhibition Tokyo 2014); Architect: Zaha Hadid / Graphic: WITH-IN Architects / hotelorchidee.com / nipic.com / picphotos.net / taopic.com / quanjing.com | P120 - moddb.com / reddit.com / dailymail.co.uk; Copyright: EPA / blog.goo.ne.jp (norihisakobe); Architect: Tadao Ando / people.howstuffworks.com / quanjing.com / businessinsider.com / enigmapeople.com | P122 - quanjing.com / qutuly.com | P124 - hexun.com / theguardian.com; Photo: Rex Features / retrowaste.com | P126 - ensamble.info; Architect: Ensamble Studio / taopic.com / theguardian.com; Artist: Antony Gormley; Photo: David Levene | P128 - chriscooperphotographer.com; Architect: SANAA; Photo: Chris Cooper / archiscene.net; Architect: MVRDV / iwan.com; Architect: SANAA; Photo: Iwan Baan / 393communications.com / aman.com / yannarthusbertrand2.org; Photo: Yann Arthus-Bertrand / zzaback.nl; Architect: Benthem Crouwel; Photo: Rob de Voogd / texturelib.com | P130 - archdaily.com; Architect: Marc Fornes; Image: Marc Fornes & Theverymany / From:

GA Document 109; Architect: Morphosis / wikimedia.org; Architect: Maya Ying Lin / [All Faces] From: Psychology Book, by Nigel Benson, Joannah Ginsburg, Voula Grand, Merrin Lazyan, Marcus Weeks, Catherine Collin / arthitectural.com; Architect: MJZ / hxsd.com; Architect: Jensen Liu / beatuyharmonylife.com | P132 - loving-newyork.com / nipic.com / interarma.info / archdaily.com; Architect: Jean Nouvel; Photo: Philippe Ruault / blogimg.goo.ne.jp / ericowenmoss. com; Architect: Eric Owen Moss / 99percentinvisible.org; Architect: Minoru Yamazaki | P134 - nEOIMAGING.cn / tuchong.com / From: El Croquis − Studio Mumbai; Architect: Mumbai Studio / nipic.com / quanjing.com / alaphoto.net; Photo: bobonini / media.architecturaldigest.com; Architect: Frank Gehry / houzz.com; Architect: Le Corbusier | P136 - princeton.edu; Architect: Steven Holl; Photo: Andy Ryan / thehistoryhub.com / quanjing.com / medievalarchives.com / pritzkerprize.com; Architect: Tadao Ando / travel.nationalgeographic.com; Photo: Toyohiro Yamada, gettyimages | P138 - [Adapted] metanaction.com / baike.baidu.com / zjww.gov.cn; Architect: Ieoh Ming Pei | P140 - 360doc.com / [Adapted] Can Stock Photo / home.snu.edu; Published: W.E. Hill / expo-today.com; Architect: Wang Shu | P142 - pp.163. com; Photo: Lu Jian / you.ctrip.com (members/sallen0948) / en.wikimedia.org; Photo: Alberto Pascual / forum-srbija. com; Architect: Frank Gehry / From: The Iconic Building, by Charles Jencks / destination360.com / idontgetit.us | P144 - Archdaily.com; Architect: Delugan Meissl / a2.att.hudong.com / evolo.us; Architect: Andrés Martinez / Ditto | P146 - inhabitat.com; Architect: Daniel Libeskind / libeskind.com; Architect: Daniel Libeskind / news.china.com / From: The Iconic Building, by Charles Jencks

解读建筑

P148 - From: Towards a New Architecture, by Le Corbusier, translated by Frederick Etchells; Architect: Le Corbusier | P152 - kent.ac.uk / Cover: The International Style, by Henry-Russell Hitchcock and Philip Johnson / commons. wikimedia.org; Architect: Alvar Aalto / commons.wikimedia.org; Architect: George Howe; Author: Jack Boucher | P154 - From: Domus China; Architect: Bernard Khoury / disegnodaily.com; Architect: Jean Nouvel / yanghaovision.com / Cover: Japan Style, by Geeta Mehta + Kimie Tada / Cover: The Iconic Building, by Charles Jencks / Cover: The World's Greatest Architecture - Past and Present, by D.M. Field | P156 - [All] archdaily.com; Architect: OMA | P158 - spacesyntax.com; Author: Space Syntax Office / architectmagazine.com; Architect: Venturi Scott Brown | P162 - baike. so.com / lemonandolives.com / dkfindout.com / roadtovr.com / (unknown) / fanpop.com / [Adapted] bashny.net (/t/en/ blogger: sleepingdog = 18581) Author: Akioshi Kitaoka | P164 - allposters.com / nikeisnow.co.uk / commons. wikimedia.org; Base Photo: Eusebius (Guillaume Piolle) / nipic.com / imgarcade.com / maniza.com / assets. entrepreneur.com | P166 - mirrorservice.org / cgsociety.org; Architect: Tadao Ando; Photo: Markus Groeteke / zhulong. com; Architect: Sou Fujimoto; Photo: Iwan Baan / api.ning.com | P168 - roman-shymko.com / asset-cache.net; Architect: Richard Rogers / courses.cit.cornell.edu / nipic.com / gaoloumi.com / zhulong.com; Architect: Gensler | P170 - yorku.ca / cntraveler.com / [Colored Original] From: Taschen's World Architecture - Greece, by Henri Stierlin / [Base Drawing, Adapted] tylersterritory.com / nikeisnow.co.uk / studyblue.com / pinterest.com / mafengwo.cn / studyblue.com / rgu. ac.uk (Gray's School of Art) / [Base Drawing] pinterest.com; Artist: Leonardo da Vinci | P172 - studyblue.com / From: A History of Architecture (17th edition), by Banister Fletcher / factfile.org / archdaily.com; Architect: Abin Design Studio; Photo: Pradeep Sen / waymarking.com; Architect: Charles Moore / archdaily.com; Architect & Image: Studio Fukas / dwell.com; Architect: Frank Gehry; Photo: Wright Auctions / hyerallergic.com; Architect: Frank Gehry; Photo: Thomas Dix / architecturaldigest.com; Architect: Frank Gehry; Photo: Zoonar/Vladyslav Danilin / world-architects.com; Architect: Frank Gehry; Copyright: FLV | P176 - commons.wikimedia.org; Author: La-tête-ailleurs / proprofs.com; Architect: Michelozzo di Bartolomeo / ja.wikipedia.org; Architect: Louis Sullivan / e-architect.co.uk; Architect: Le Corbusier / studyblue.com / id.iit.edu (IIT Institute of Design) ; Architect: Mies van der Rohe / nikeisnow.co.uk; Copyright: John Goodinson / commons.wikimedia.org; Architect: Peter Behrens; Photo: Doris Antony / tripadvisor.es; Architect: Mies van der Rohe / commons.wikimedia.org; Architect: Alvar Aalto; Photo: P Kärnä | P178 - boguantiandi.com; Architect: Le Corbusier / news.21cn.com / oma.eu; Architect: OMA / openbuildings.com; Architect: Norman Foster / niume-img. scdn2.secure.raxcdn.com; Designer: H.R. Giger / hdlatestwallpaper.com / ideasgn.com; Architect: Aires Mateus / archdaily.com; Architect: Robert Venturi; Photo: Maria Buszek / static.planetminecraft.com / beautifulplacestovisit.com / hdwallpapers.in.com; Architect: Ieoh Ming Pei | P180 - [Classical Orders] From: Taschen's World Architecture - Greece, by Henri Stierlin / wikipedia.org / mafengwo.cn; Photo: f.atlna / en.wikipedia.org / it.wikipedia.org; Author: Berthold Werner / vr.theatre.ntu.edu.tw / en.wikipedia.org / hk.asiatatler.com; Architect: Tadao Ando / artwort.com; Architect: Toyo Ito; Photo: Koji Taki / From: Shinkenchiku Special 1991 - 20th Century Architecture; Architects: Mozuna Kiko/ Osamu Ishiyama/ Kisho Kurokawa/ Kazuo Shinohara/ Isozaki Arata / commons.wikimedia.com; Architect: Fumihiko Maki; Author: wiiii | P182 - Photo: en.wikipedia.org (Royal Collection of the United Kingdom); Artist: Raphael / digitaltrends.com; Artist: Leo von Klenze / wikimedia.org | P184 - ronanfitzgerald.net / latech.edu; Architect: Daniel Libeskind / zhulong.com; Architect: Daniel Libeskind / dailymail.co.uk / archdaily.com; Architect: Peter Eisenman / From: What is Deconstruction, by Christopher Norris & Andrew Benjamin; Architect: Bernard Tschumi / arcspace.com;

Architect: Zaha Hadid | P186 - tupian114.com / images.nationalgeographic.com / archdaily.com; Architect: Richard Meier / gwathmey-siegel.com; Architect: Charles Gwathmey & George Siegel / katherinesalant.com; Architect: Peter Eisenman; Photo: Brian Vanden Brink / highsnobiety.com; Architect: Charles Moore; Photo: William Turnbull / From: GA Document Special 1970-1980; Architect: Robert A.M. Stern / theredlist.com / kagojinjacho.or.jp / commons. wikipedia.org; Author: Rodw / [AUM Symbol] pixgood.com / [TORII Symbol] religious-symbols.net / [CROSS Symbol] religious-symbols.net | P188 - studyblue.com / kaplanpicturemaker.com / blogs.qu.edu.qa; Architect: Le Corbusier / From: El Croquis - SANAA Kazuyo Seijima & Ryue Nishizawa / brennanletkeman.com; Architect: Mies van der Rohe / sankei.com; Photo: Teiichiro Takekawa / yuts.jugem.jp / archdaily.com; Architect: BIG; Copyright: HOME / big.dk; Architects: BIG / big.dk; Architects: BIG / efinancialcareers.com / wfmu.org; Artist: Yayoi Kusama | P192 - baike. baidu.com / worksmanagement.co.uk / Cover: 建筑施工质量验收规范, by中国建筑工业出版社 / breeam.com / pinterest.com; Architect: Victor Horta / archdaily.cn; Architect: Saucier + Perrotte; Photo: Marc Cramer / archdaily. com; Architect: Weiss + Manfredi; Photo: Paul Warchol / aman.com; Designer: Jaya Pratomo Ibrahim / images. fineartamerica.com; Photo: Chuck Wedemeier / blog.sina.com.cn (emilylovelemon); Photo: Emily | P194 - aurelm. com; Photo: Aurel Manea / From: A History of Architecture, by Sir Banister Fletcher / zhulong.com / quanjing.com; Architect: Jorn Utzon / uia-architectes.org; Architect: Ieoh Ming Pei; Photo: Ezra Stoller, ESTO / pritzkerprize.com; Architect: Fumihiko Mak / commons.wikimedia.org; Architect: Daniel Libeskind; Photo: Guenter Schneider / Source: tooopen.com; Architect: Frank Gehry | P196 - From: A History of Architecture, by Spiro Kostof / Ditto / Ditto / nationalgeographic.com; Photo: George Steinmetz / en.academic.ru / italy24.ilsole24ore.com / italianways.com / studyblue.com / thetravellinghistorian.com / archdaily.com; Architect: Renzo Piano & Richard Rogers / Reuters - Charles Platiau: Source: theatlantic.com; Architect: Renzo Piano & Richard Rogers / commons.wikipedia.org; Author: Jean-Pierre Dalbéra | P198 - nationalgeographic.com; Photo: Vijay Aitha / theworldwanderer.net / quanjing.com / commons.wikimedia.org; Photo: Tommi Nikkilä / [Classical Orders] From: Taschen's World Architecture - Greece, by Henri Stierlin / factfile.org / nipic.com / commons.wikimedia.org / goddess-athena.org / dailymail.co.uk; Photo: AP/ Petros Giannakouris | P200 - shepfold.ca / swandolphin.com; Architect: Michael Graves / goodwp.com; Architect: Ieoh Ming Pei / faculty.etsu.edu / From: Le Corbusier Le Grand, published by Phaidon / From: Journey to the East, by Le Corbusier; Artist: Le Corbusier | P202 - From: Towards a New Architecture, by Le Corbusier / From: Le Corbusier - and the Continual Revolution in Architecture, by Charles Jencks; Copyright: FLC | P204 - baike.so.com / [Illustration] stephenbiesty.co.uk; Copyright: Stephen Biesty / [Adapted] Printscreen: en.wikipedia.org / blogs.qu.edu.qa; Architect: Le Corbusier / wikimedia.org / (unknown) / consciouslifenews.com / mirrorservice.org / [Base Drawing, Adapted] tylersterritory.com / commons.wikimedia.org; Architect: Peter Behrens; Photo: Doris Antony / Photo: Royal Collection of the United Kingdom; Web: en.wikipedia.org; Artist: Raphael / images.fineartamerica.com; Photo: Chuck Wedemeier / dailymail.co.uk; Photo: AP - Petros Giannakouris / From: Le Corbusier Le Grand, published by Phaidon | P206 - From: The Story of Western Architecture, by Bill Risebero / From: El Croquis 151 — Sou Fujimoto; Architect: Sou Fujimoto / Ditto / archdaily.com; Copyright: Alejandro Zaera-Polo & Guillermo Fernandez Abascal / From: Hot to Cold, by BIG / Ditto

解读的问题

P208 - webneel.com; Artist: Robert Gonsalves | P210 - gabrielecroppi.com; Photo: Gabriele Croppi / resources2. news.com.au / commons.wikipedia.org; Architect: Terry Farrell; Author: Laurie Nevay / mercerdesign.co.uk; Photo: Tim Mercer / mt.sohu.com (Author: Travelwind) / taichungtravel.mmweb.tw; Architect: Ying Chun Hsieh / wanhuajing. com | P212 - architizer.com; Architect: Matteo Cainer / designboom.com; Architect: SA lab / forum.xcitefun. net; Author: Rizwan | P214 - From: El Croquis 129/123 — Herzog & de Meuron; Architect: Herzog & de Meuron / chinadaily.com.cn / nipic.com / mafengwo.cn (u/62240782) / pp.163.com (safin); Architect: Frei Otto; Photo: Marat Safin | P216 - [All except last image] From: A+U 2001.01 - OMa+uNIVERSAL; Architect: OMA Rem Koolhaas / [Last image] From: El Croquis 131/132 — OMA Rem Koolhaas; Architect: OMA Rem Koolhaas | P218 - designboom.com; Architect: Junya Ishigami; Photo: Iwan Baan / luxuryyachtjapan.com / nikken.co.jp; Architect: Nikken Sekkei, Photo: Kiyohiko Higashide | P220 - tripadvisor.it; Architect: Johann Otto von Spreckelsen / Ditto / control.blog.sina.com. cn; Architect: Johann Otto von Spreckelsen / ideasgn.com; Architect: Jean Nouvel / Ditto / budcs.com; Architect: Zaha Hadid; Photo: Iwan Baan / sketchupbar.com; Architect: Sou Fujimoto; Photo: Yuri Palmin | P224 - Architect: OMA Rem Koolhaas; Photo: Derek Chiu | P226 - commons.wikimedia.org; Artist: Joseph Karl Stieler / studyblue. com / pritzkerprize.com | P228 (unknown) / worldarchitecturenews.com; Architects: Acton ostry / [Superleggera Chair] gioponti.com; Designer: Gio Ponti / nipic.com / tw.forwallpaper.com / P230 - Graphic: WITH-IN Architects / sciencedaily.com / nipic.com / pinterest.com / it.wikimedia.org; Author: Tango7174 / commons.wikimedia.org; Author: Urban / oberlin.edu / commons.wikipeidia.com; Author: Welleschik / Graphic [set]: WITH-IN Architects / ming3d. com / evolo.us; Architect: Gerry Cruz, Spyridon Kaprinis, Natalie Popik, Maria Tsironi / archreport.com.cn; Architect: Z

Hadid; Photo: Iwan Baan / pi.tedcdn.com; Architect: Daniel Libeskind; Photo: Bitter Bredt / eirikjohnson.com; Architect: Philip Johnson; Photo: Eirik Johnson / archidaily.com; Architect: O. Niemeyer; Photo: Andrew Prokos / [World Trade Center] fishandbicycles.com; Architect: Minoru Yamasaki | P232 - Rolex Learning Center competition entries: Architect: Diller & Scofidio / Architect: OMA Rem Koolhaas / Architect: Herzog & de Meuron / Architect: Zaha Hadid / Architect: SANNA Kazuyo Seijima & Ryue Nishizawa | P234 - From: Bartlett Designs – Speculating with Architecture, edited by Laura Allen, Iain Borden, Nadia O'Hare, Neil Spiller; Designer: Y. Saito

解读的类别

P246 - Cover: The Social Life of Small Urban Spaces, by William H. Whyte / Cover: Chinese Symbolism and Art Motifs, by C.A.S. Williams / Cover: Rough Style, by Sibylle Kramer / Cover: Manual of Section, by Paul Lewis, Marc Tsurumaki, David J. Lewis / Cover: Le Corbusier: Elements of a Synthesis, by Stanislaus von Moos / Cover: Shigeru Ban: Complete Works 1985-2015, by Philip Jodidio / Cover: Tensile Fabric Structures, edited by Craig G. Huntington / Cover: BIM in Small Scale Sustainable Design, by François Lévy / Cover: GSD Platform 4, Edited by Eric Howeler / Cover: Design of Cities, by Edmund N. Bacon / Cover: Courtyard, by Lisa Bake / Cover: Centre Pompidou, by Francesco Dal Co / Cover: Chicago: Then and Now®, by Kathleen Maguire / Cover: Learning from Las Vegas, by Robert Venturi, Steven Izenour, Denise Scott Brown | P248 - Cover: 101 Things I Learned in Architecture School, by Matthew Frederick / Cover: Morphing: A Guide to Mathematical Transformations for Architects and Designers, by Joseph Choma / Cover: Architecture: Form, Space, and Order, by Francis D. K. Ching / Cover: The Social Logic of Space, by Bill Hillier and Julienne Hanson / Cover: the Image of the City, by Kevin Lynch / Cover: Signs, Symbols and Architecture, by Geoffrey Broadbent, Richard Bunt, Charles Jencks | P250 - Cover: The Function of Style, by Farshid Moussavi / Cover: Architecture Now! Vol. 10, by Philip Jodidio / Cover: Al Manakh, by Rem Koolhaas and Ole Bouman / Cover: Bauhaus, by Magdalena Droste and Peter Gössel / Cover: the Iconic Building, by Charles Jencks / Cover: the Architecture of the City, by Aldo Rossi / Cover: Architecture and Surrealism, by Neil Spiller / Cover: Deconstruction and the Visual Arts, by Peter Brunette and David Wills / Cover: Intentions in Architecture, by Christian Norberg-Schulz / Cover: Architecture: Meaning and Place, by Christian Norberg-Schulz / Cover: Architectural Theory (Volume One & Two), by David Smith Capon | P252 - Printscreen: huffingtonpost.com (Content: The New York Times) / Printscreen: article in worldarchitecturenews.com / From: article by Colin Foumier in Architectural Design magazine / Cover: From Bauhaus to Our House, by Tom Wolfe / Cover: The Death and Life of Great American Cities, by Jane Jacobs / Cover: Culture, Architecture and Design, by Amos Rapoport | P254 - Cover: Vers Une Architecture, by Le Corbusier / Cover: Archigram, by Peter Cook / Cover: S,M,L,XL, by OMA Rem Koolhaas and Bruce Mau / Cover: Yes is More, by BIG / Cover: New National Stadium Report, by Zaha Hadid Architects / Cover: Complexity and Contradiction in Architecture, by Robert Venturi | P256 - Cover: Architectural Design magazine / Cover: Architecture and its Interpretation, by Juan Pablo Bonta / From: Lecture Schedule note, Florida International University / Cover: Dictionary of Architecture, by John Fleming, Hugh Honour, Nikolaus Pevsner / Cover: Theories and Manifestoes of Contemporary Architecture, edited by Charles Jencks and Karl Kropf / Cover: Architecture: from the Renaissance to the Present, published by Taschen

筑建的延伸

P258 - redshift.autodesk.com; Image: Autodesk / world-architects.com; Image: Autodesk / Ditto | P260 - caup.net / pinterest.com; Architect: Frank Gehry / souciant.com / blog.nwf.org; Photo: U.S. FWS / Ditto | P262 - [Seattle Public Library] From: A+U Special Issue May 2000; Architect: OMA / From: A+U May 2000 Special Issue - OMA@work. a+u; Photo: Sanne Peper / [Seattle Public Library] From: El Croquis 134-135 - OMA Rem Koolhaas; Architect: OMA / [Flagrant Délit] From: Delirious New York, by Rem Koolhaas; Artist: Madelon Vriesendorp / [Seattle Public Library] From: El Croquis 134-135 - OMA Rem Koolhaas; Architect: OMA / [Seattle Public Library] Source: A+U Special Issue May 2000; Architect: OMA | P264 - Source: taopic.com / From: Great Artists issue 28; Artist: Joan Miró / Image via: style.com; Photo: Tommy Ton / Designer: Kazuyo Sejima / guodong1357.poco.cn; Photo: Guodong / [Icon] Image: McDonald's / riverdance.com / From: El Croquis 171 - Selgascano; Architect: Selgascano; Photo: Iwan Baan / From: Landscape Architecture Now, published by Taschen; Landscape Architect: Nieto Sobejano | P266 - wikiart.org; Artist: Kazimir Malevich / travelhuanqiu.com / From: GA Architect - Ando Tadao; Photo: Yukio Futagawa / [iPhone] From: Apple Inc. / mt-bbs.com; Architect: John Pawson / forgemind.net; Architect: SANAA / trend6.com; Copyright: Comme des Garcons | P270 - From: The World Atlas of Architecture, published by Mitchell Beazley; Artist: E. Paulin; Copyright: Ecole Nationale Supérieure des Beaux-arts / thousandwonders.net; Photo: D. Scott Frey / pinterest.com / germany. travel / pinstake.com / galleryhip.com / dreamstime.com / unioneculturale.org / en. wikipedia.org | P274 - e-architect. co.uk; Architect: Frank Lloyd Wright; Photo: Tectonic Photo / thousandwonders.net; Architect: Frank Lloyd Wright; Photo: Gwenael Piaser | P276 - Cover: The State of Architecture at the Beginning of the 21st Century, edited by Bernard Tschumi + Irene Cheng | P278 - [Into The Wild] Source: 1905.com

domus 系列丛书

出版人/主编:
于冰
联合出版人/项目总监:
吴博

执行编辑:
武晨曦
责任校对:
薛丹

美术总监:
孙丽
美术编辑:
李婧

Domus Series

Publisher/Chief Editor
Yu Bing
**Co-Publisher/
Program Director**
Wu Bo

Executive Editor
Wu Chenxi
Proof-reader
Xue Dan

Art Director
Sun Li
Art Editor
Li Jing

图书在版编目（CIP）数据

筑建／赵善创 著 ． — 北京：中国建筑工业出版社，
2017.07
　（domus系列丛书）
　ISBN 978-7-112-20822-7

　Ⅰ．①筑…　Ⅱ．①赵…　Ⅲ．①建筑学－研究　Ⅳ．
①TU

中国版本图书馆CIP数据核字（2017）第126090号

责任编辑：徐明怡　徐　纺
责任校对：李欣慰　姜小莲

domus系列丛书

筑建

赵善创　著

＊
中国建筑工业出版社 出版、发行（北京海淀三里河路9号）
各地新华书店、建筑书店经销
北京建宏印刷有限公司印刷
＊
开本：787×960毫米　1/16　印张：18　插页：2　字数：477千字
2017年9月第一版　2017年9月第一次印刷
定价：200.00元
ISBN 978-7-112-20822-7
　　（30473）